著者简介

森巧尚

　　软件工程师、科技作家，兼任日本关西学院讲师、关西学院高中科技教师、成安造形大学讲师、大阪艺术大学讲师。

　　著有《Python一级：从零开始学编程》《Python二级：桌面应用程序开发》《Python二级：数据抓取》《Python二级：数据分析》《Python三级：机器学习》《Python三级：深度学习》《Java一级》《动手学习！Vue.js开发入门》《在游戏开发中快乐学习Python》《算法与编程图鉴（第2版）》等。

Python

一级

从零开始学编程

〔日〕森巧尚 著

查君芳 石曼 译
鲁尚文 审校

科学出版社

北 京

图字：01-2023-5705号

内 容 简 介

　　Python是Web开发和数据分析等领域非常流行的编程语言。随着人工智能时代的到来，越来越多的人开始学习Python编程。

　　本书面向Python初学者，以山羊博士和双叶同学的教学漫画情境为引，以对话和图解为主要展现形式，从简单的Python程序开始，循序渐进地讲解Python基础知识、基本语法和编程样例。此外，本书还为初学者特意准备了查找和排除错误的相关知识。

　　本书适合Python初学者自学，也可用作青少年编程、STEM教育、人工智能启蒙教材。

图书在版编目（CIP）数据

Python一级：从零开始学编程/(日)森巧尚著；查君芳，石曼译.—北京：科学出版社，2024.6

ISBN　978-7-03-077115-5

Ⅰ.①P… Ⅱ.①森… ②查… ③石… Ⅲ.①软件工具–程序设计 Ⅳ.①TP311.561

中国国家版本馆CIP数据核字（2023）第219876号

责任编辑：喻永光　杨　凯 / 责任制作：周　密　魏　谨
责任印制：肖　兴 / 封面设计：张　凌

科 学 出 版 社 出版
北京东黄城根北街16号
邮政编码：100717
http://www.sciencep.com

三河市春园印刷有限公司印刷
科学出版社发行　各地新华书店经销

*

2024年6月第　一　版　　　开本：787×1092　1/16
2024年6月第一次印刷　　　印张：12 1/2
字数：234 000

定价：68.00元
（如有印装质量问题，我社负责调换）

前　言

如今，Python 编程语言非常流行，尤其是在人工智能（AI）领域。通过智能家电和机器人等，人工智能已经渗透到了我们的生活中。

很多人之所以对 Python 格外感兴趣，正是源自人工智能的牵引，他们起初是抱着"先简单体验一下"的心态来学习的。

然而，实际接触"人工智能编程"后觉得非常难，浅尝辄止、半途而废者不在少数。

本书就是为这样的 Python 初学者准备的。为了让初学者能够安心自学，本书还特意插入了查找和排除错误的相关知识。遇到困难时，记得用上这些知识。

下面，请跟随亲切的山羊博士和充满好奇心的双叶同学，一起进入 Python 的世界吧。

请多多关照！

从简单的 Python 程序开始，通过样例代码循序渐进地学习，最终实现一个识别手写数字的人工智能应用程序。从零开始进行人工智能应用开发确实不易，但如果能够借助已有的人工智能框架，即便是初学者也能进行简单的开发。

当你开发的人工智能应用程序能够理解自己手写的数字，那将是多么春风得意。只要迈出了第一步，编程的路就会在你的脚下展开。

如果读者能够通过本书感受到 Python 和人工智能的乐趣，进而提起学习 Python 编程的兴趣，笔者将不胜荣幸。

森巧尚

关于本书

读者对象

本书是面向不懂编程语言的读者的 Python 超级入门书。通过简单有趣的样例编程，以对话的形式讲解 Python 的原理，力求让初学者也能轻松进入 Python 编程的世界。

本书特点

本书面向不懂编程语言（应用程序）的初学者，以"初次接触""亲身体验"为目标。为了让初学者也能轻松学习，本书内容遵循以下三个特点展开。

特点 1 以插图为核心概述知识点

每章开头以漫画或插图构建学习情境，之后在"引言"部分以插图的形式概述整章的知识点。

特点 2 以对话形式详解基础语法

精选基础语法，以对话的形式，力求通俗易懂地讲解，以免初学者陷入困境。

特点 3 样例适合初学者轻松模仿编程

为初学者精选编程语言（应用程序）样例代码，以便读者快速体验开发过程，轻松学习。

山羊博士　　　　　双叶同学

阅读方法

为了让初学者能够轻松进入 Python 编程的世界，避免学习时陷入困境，本书作了许多针对性设计。

以漫画的形式概述每章内容
借山羊博士和双叶同学之口引出每章的主要内容

每章具体要学习的内容一目了然
以插图的形式，通俗易懂地介绍每章主要知识点和学习流程

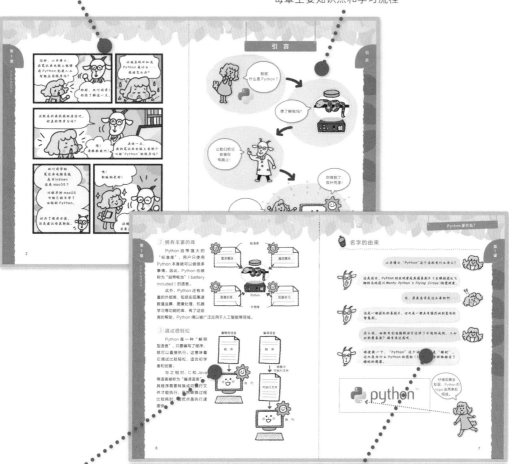

附有图解说明
尽可能以图解的形式代替晦涩难懂的措辞

以对话的形式讲解概念
借助山羊博士和双叶同学的对话，风趣、简要地讲解概要和代码

本书样例代码的测试环境

本书全部代码已在以下操作系统和 Python 环境下进行了验证。

操作系统：

- · Windows 11/10
- · macOS Monterey（12.2.X）

Python 版本：

- · Python 3.10.4

用到的 Python 库：

- · Pillow 9.1.0
- · numpy 1.22.3
- · scipy 1.8.0
- · scikit-learn 1.0.2
- · matplotlib 3.5.1

目　录

第 3 章　了解程序的基础知识

第 4 章 学习编写应用程序

第 5 章　和人工智能一起玩耍

第 1 章

Python 能做什么？

什么是
Python？

我将向你介绍
Python能做什么，
以及如何安装它。

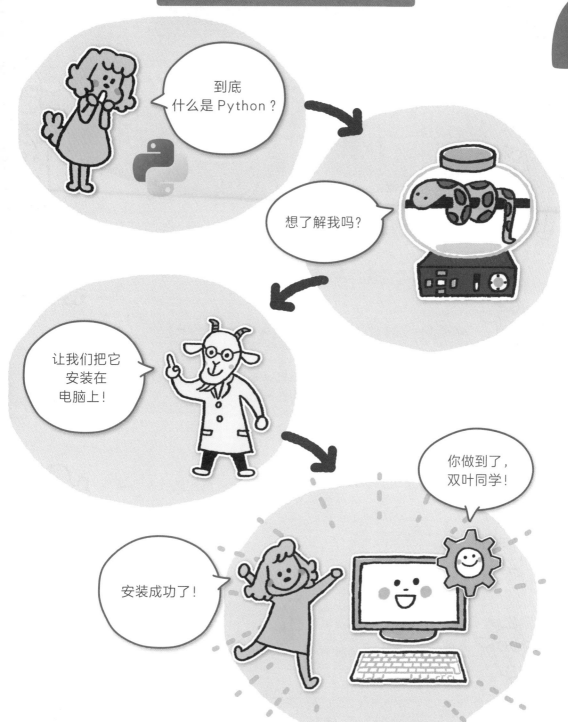

第1课

Python 是什么?

现在，我们开始学习 Python。先来了解 Python 到底是什么。

您好，山羊博士，人工智能真的可以在笔记本电脑上创建么?

你好，双叶同学。其实你很了解这一点的，对吧?

我想在我的笔记本电脑上创建人工智能。确实很有趣呢!

有趣吗?

真的特别有趣呢!我明白借助笔记本电脑可以创建人工智能，但问题是怎么开始学习呢?

嗯……

我真的不了解什么是 Python，我甚至完全不知道该从何处下手。我应该怎么办?

这就是你来找我的原因吧。你真的想学习吗?

是的，山羊博士!请教教我!

认识 Python

Python 是距今 20 多年前诞生的编程语言，其发明者是荷兰计算机专家吉多·范罗苏姆（Guido van Rossum）。

令人惊奇的是，Python 是一门古老的编程语言，但它的人气却在近些年急剧上升。这是因为它被广泛用于人工智能（机器学习）和大数据分析等研究。另外，Google、YouTube、皮克斯（Pixar）等大公司都在使用它，Instagram、Pinterest、Dropbox 等 Web 服务以及软银 Pepper 机器人的人工智能部分也是用 Python 编写的。由此可知，Python 非常流行。

哦，我知道了！
这些网站也使用了
Python 语言。

Instagram 的网站界面

Pinterest 的网站界面

Python 的三个特点

Python 语言具有以下三个特点。

① 编写简单

Python 的语言特点是通过"缩进"来书写程序的"代码块"。基于这套书写规则，任何人都可以轻松写出易读的程序。

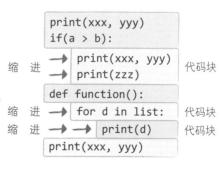

```
print(xxx, yyy)
if(a > b):
    print(xxx, yyy)    代码块
    print(zzz)
def function():
    for d in list:     代码块
        print(d)       代码块
print(xxx, yyy)
```

缩 进 →
缩 进 →
缩 进 → →

不要忘记
缩进哦！

5

② 拥有丰富的库

Python 自带强大的"标准库",用户只使用 Python 本身就可以做很多事情。因此,Python 也被称为"自带电池"(battery included)的语言。

此外,Python 还有丰富的外部库,包括实现高速数值运算、图像处理、机器学习等功能的库,有了这些库的帮助,Python 得以被广泛应用于人工智能等领域。

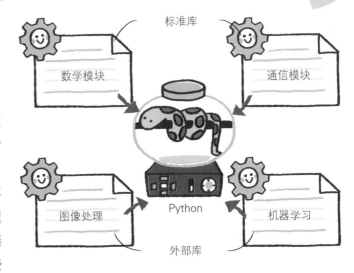

③ 调试很轻松

Python 是一种"解释型语言",只要编写了程序,就可以直接执行。这意味着它调试比较轻松,适合初学者和创客。

与之相对,C 和 Java 等语言被称为"编译语言"。其程序需要转换成可执行文件才能执行,虽然转换过程比较耗时,但优点是执行速度快。

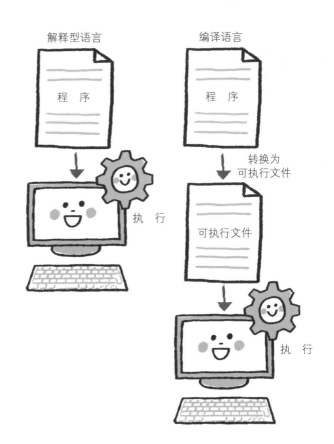

名字的由来

山羊博士，"Python"这个名称有什么含义？

 这是因为，Python 的发明者是英国喜剧片《巨蟒剧团之飞翔的马戏团》(*Monty Python's Flying Circus*)的爱好者。

呃，原来名字是这么来的啊……

 这是一部混乱的喜剧片，但也是一部具有强烈讽刺意味的智慧剧。

这么说，他既有创造编程语言这样了不起的成就，又如此热爱喜剧？颇有亲近感呢。

 顺便提一下，"Python"这个词的本义是"蟒蛇"。这也是为什么 Python 的图标（logo）和吉祥物都用了蟒蛇的图案。

仔细观察会发现，Python 的 logo 由两条蛇组成。

7

第 1 章 Python 能做什么?

第 2 课

安装过程

本节课介绍如何在计算机上安装 Python，分 Windows 版本和 macOS 版本介绍。

等等，我的计算机上有那个 Python 程序吗?

双叶同学的计算机系统是 Windows 还是 macOS 呢? 较早版本的 macOS 上可能已经安装了旧版本的 Python 程序，但为了使用方便，还是建议安装新版。

嗯! 新版的更好!

没错，现在让我们来安装最新版本。

 ## Windows 系统的安装方法

现在，我们在 Windows 系统上安装 Python 3 的最新版本。首先，以 Microsoft Edge 为例，通过浏览器访问 Python 官方网站。

Python 官方网站上的下载地址: https://www.python.org/downloads/。

① 下载安装程序

从 Python 官方网站下载安装程序。

在 Windows 中访问下载页面，会自动显示 Windows 版本的安装程序。❶ 点击下载按钮 "Download Python 3.11.*"，开始下载。❷ 点击 Edge 浏览器右上角的 "…" 按钮，打开菜单。❸ 在菜单中点击 "下载"。

> 下载按钮中的 "3.11.5" 是 Python 的版本号，会随着 Python 的更新而变化。

② 运行安装程序

❶ 下载完成后，点击 Edge 浏览器菜单栏中表示下载的 "↓" 按钮（也可以像第①步那样点击菜单中的 "下载"）。❷ 找到已下载的名为 "python-3.11.x-xxx.exe" 的安装程序。点击运行安装程序。

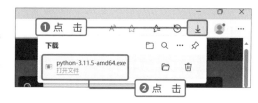

③ 勾选安装程序中的选项

安装程序运行后，在弹出的起始界面上 ❶ 勾选 "Add python.exe to PATH" 复选框。❷ 点击 "Install Now" 按钮。

注 意

图中的 ❶ "Add python.exe to PATH" 复选框非常重要。在 ❷ 点击 "Install Now" 按钮之前，请务必确认勾选了这个复选框。

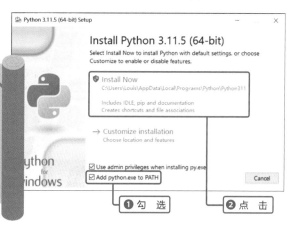

9

④ 结束安装程序

安装完成后可以看到"Setup was successful"界面,表示 Python 的所有安装步骤已经完成。❶ 点击"Close"按钮关闭安装程序。

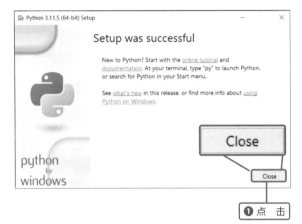

macOS 系统的安装方法

我们在 macOS 上安装最新版的 Python。通过 macOS 默认的浏览器 Safari,访问 Python 官方网站。

Python 官方网站上的下载地址: https://www.python.org/downloads/。

① 下载安装程序

从官方网站下载 Python 的安装程序。在 macOS 系统上,打开下载页面,将自动显示 macOS 版本的安装程序。❶ 点击下载按钮"Download Python 3.11.*"。

② 运行安装程序

下载完成后，运行安装程序。以 Safari 浏览器为例，❶ 点击"下载"按钮，显示最近从浏览器下载的文件。❷ 找到下载文件中的"python-3.11.*-macos**.pkg"，双击运行安装程序。

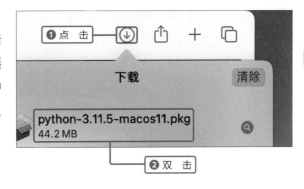

③ 安装过程

具体安装过程包括：❶ 在"介绍"页面上点击"继续"按钮。❷ 在"重要信息"页面上点击"继续"按钮。❸ 在"许可"页面上点击"继续"按钮。❹ 在弹出的"同意使用许可"对话框中，点击"同意"按钮。

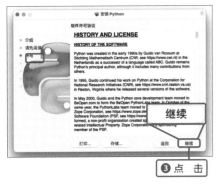

11

④ macOS 系统的关键安装步骤

完成以上步骤后，❶ 点击在"安装 Python"对话框中出现的"安装"按钮。

此时，系统弹出"'安装器'正在尝试安装新软件"对话框。❷ 在对话框中输入登录 macOS 的用户名和密码。❸ 点击"安装软件"按钮。

❶ 点 击

终于安装了。

❷ 输 入

❸ 点 击

⑤ 完成安装

片刻后显示"安装成功"页面，表示在 macOS 上安装 Python 的步骤已全部完成。❶ 点击"关闭"按钮结束安装程序。另外，安装程序还会弹出一个 Finder（访达）窗口，显示应用程序安装的文件夹。请记住这些程序的位置。

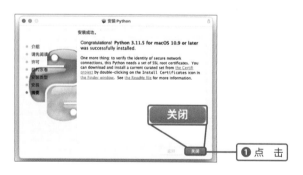

❶ 点 击

第 2 章
第一次接触 Python

第 3 课

从 IDLE 开始

Python 需要通过一个应用程序来运行。我们使用在 Python 安装过程中一同安装的"IDLE"程序。

博士！我已经在笔记本电脑上装好 Python 了。

让我们马上开始吧。

哇哦，Python，Python……

首先，让我们启动 IDLE。

爱，爱豆？爱豆在哪里呢？

不不不。IDLE 指的是用来启动 Python 的应用程序。它的名字也是 Python 的作者根据一个喜剧节目改编的。这个喜剧里有一位名叫埃里克·艾德尔（Eric Idle）的演员。

又是这样吗！

启动 IDLE

安装好 Python 后，我们启动 IDLE 程序。IDLE 是一款可以让用户轻松运行 Python 的应用程序。由于启动后即可上手使用，IDLE 适用于 Python 程序的简单调试或者初学者学习。

在 Windows 和 macOS 下启动 IDLE 的步骤略有不同，但启动后是一样的。

① Windows：从开始菜单启动 IDLE

❶ 点击"开始"按钮，打开开始菜单。❷ 点击开始菜单内显示的"IDLE"图标。此处以 Windows 10 为例，Windows 11 可在"所有应用"中找到"IDLE"图标。

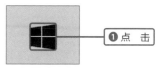

点击"开始"按钮时，出现开始菜单。

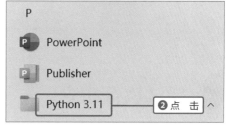

② macOS：从"应用程序"文件夹启动 IDLE

点击"应用程序"中的"Python 3.11"文件夹。❶ 双击其中的"IDLE.app"图标。

在 Finder 中找到"应用程序"文件夹。

17

③ 显示 Shell 窗口

IDLE 程序启动后会出现一个 Shell 窗口。

Windows 系统

macOS 系统

尝试执行命令

下图显示了 Shell 窗口的各部分内容，左侧显示了由三个大于号组成的 >>> 符号。这个符号被称为"提示符"（Prompt），它告诉用户："来吧，给我要执行的命令！"

现在，让我们执行一个简单的命令——**print()**。在命令的括号中填入任意值，那么 **print()** 命令将显示这些值。

格式：**print()**

```
print(值)
print(值1,值2)
```

我们做一些简单的加法。先输入 **print(1+1)**，然后按下 Enter 键（在 mac 键盘上是 return 键）。完成之后，将显示 **1+1** 的计算结果 **2**。

输入代码

```
>>> print(1+1)
```

输出结果

```
2
```

在 IDLE 程序中，在 **>>>**（提示符）后输入任何 Python 命令，都将立即执行。

啊！我一按下 Enter 键，就立刻显示了结果"2"。真棒！

在用户按下 Enter 键之前，IDLE 会一直等待，认为"用户仍然在输入命令"。一旦按下了 Enter 键，输入的命令将以极快的速度执行完毕。

看来它一直等着我按下 Enter 键呢。了不起……了不起。

使用运算符执行各种计算

除加法以外，Python 还可以进行减法、乘法、除法等运算。在这些运算中使用的符号统称为"运算符"（operator）。

Windows 系统

符　号	运　算	符　号	运　算	符　号	运　算
+	加　法	–	减法	//	除法（舍去小数部分）
*	乘　法	/	除法	%	求除法的余数

例如，我们输入命令 **print(100-1)**，将会显示 **100-1** 的结果 **99**。

输入代码

```
>>> print(100-1)
```

输出结果

```
99
```

 唔唔……出现了一些生词，我之前从来没听说过"运算符"这个词。

 "运算符"是一个陌生的词，但你在学校里一定学过了"+"和"–"分别是"加法符号"和"减法符号"。这些符号统称为"运算符"。

唔，我希望能有更简单的说法来表达它。我想这可能就是计算机让人觉得很难的原因。

 嗯，没错。我会尽可能用容易理解的术语来解释它。

博士，我理解了"＋"和"－"两个运算符，但为什么乘法和除法的运算符不是"×"和"÷"呢？

运算符的确有所改变。这是有原因的。首先，原来的乘法运算符"×"和英文字母"x"十分相像。

嗯，是特别像。

如果把"x乘以x"写作"x×x"，看起来就混淆了。

是的是的，都分不清哪个是乘号了。

因此，程序中的乘法运算符使用"＊"，区别于数学中的乘法符号。

但是除号"÷"呢？这个不太容易混淆啊。

计算机键盘上没有"÷"这个符号。现在可以通过输入法转换等方式使用这个符号，但在以前实在没法输入，所以使用"／"符号作为替代。

但为什么要用"／"符号呢？

这样更贴近用分数表示除法的形式。比如，"1÷2"用分数写作"$\frac{1}{2}$"。把它稍微倾斜一些，就表示为"1/2"的形式了。

唔，稍微斜一点就对上了。

第4课

用 Python 显示文字

在程序中处理的字符数据，被称为"字符串"。

我想在Python中显示我的名字，于是输入了"print(双叶)"，但是出现了一些奇怪的红色文字。这是发生了什么？

```
IDLE Shell 3.11.5                                    —    □    ×
File  Edit  Shell  Debug  Options  Window  Help
    Python 3.11.5 (tags/v3.11.5:cce6ba9, Aug 24 2023, 14:38:34) [MSC v.1936 64 bit (AMD64)]
    on win32
    Type "help", "copyright", "credits" or "license()" for more information.
>>> print(双叶)
    Traceback (most recent call last):
      File "<pyshell#0>", line 1, in <module>
        print(双叶)
    NameError: name '双叶' is not defined
>>>
```

得到了一个错误……

这里出现了错误。IDLE 在向你表示"我不能理解这个命令"。

诶？我……我只是想显示我的名字。

这种情况下，要把名字用双引号（"）括起来。

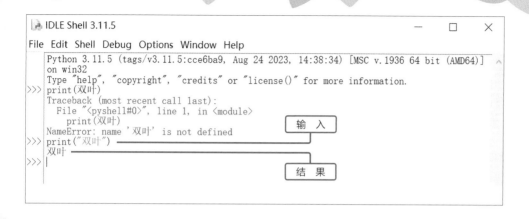

```
IDLE Shell 3.11.5                                    —    □    ×
File Edit Shell Debug Options Window Help
Python 3.11.5 (tags/v3.11.5:cce6ba9, Aug 24 2023, 14:38:34) [MSC v.1936 64 bit (AMD64)]
on win32
Type "help", "copyright", "credits" or "license()" for more information.
>>> print(双叶)
Traceback (most recent call last):
  File "<pyshell#0>", line 1, in <module>
    print(双叶)
NameError: name '双叶' is not defined                        输　入
>>> print("双叶")
双叶                                                          结　果
>>> |
```

> 出来了，出来了！它叫了我的名字呢。

 ## 显示字符串

接下来，我们尝试输出字符串。字符串要用单引号（'）或者双引号（"）括起来。不管使用哪一种，请确保字符串两侧使用的是相同的符号（本书使用双引号）。

例如，想要显示字符串 **Hello**，则输入 **print("Hello")**。下一行将显示结果 **Hello**。

输入程序

```
>>> print("Hello")
```

输出结果

```
Hello
```

将字符串和数值组合显示

在 **print** 语句中，可以同时输入多个值一起显示，在括号里以逗号（,）分隔开来。例如，输入命令"**print(" 答案是 ", 10+20)**"，结果显示"答案是 **30**"，将字符串和计算结果一起显示出来。

输入程序

```
>>> print(" 答案是 ",10+20)
```

输出结果

答案是 30

这里又出现了"字符串"这种奇怪的词。直接说"字符"不好吗？

一般场合下说"字符"可能没问题。然而在计算机的世界中，"字符"和"字符串"略有不同。

什么意思？

以"早上好"为例，这里的"早""上""好"每个单独的汉字都是"字符"，而"早上好"这样连在一起就成了"字符串"。计算机处理这两种数据的方式有所不同，因此也就有了不同的名称。

字符串

| 早 | 上 | 好 |

字 符

哦。不管如何，两个或以上的字符组合在一起就是一个"字符串"。

字符串必须用单引号（'）或者双引号（"）括起来。

诶？两种引号都可以吗？

两种引号都可以使用。但切记，一个字符串的两侧必须使用同一种引号。例如，"print("你好')"这样的代码会产生错误。

输入代码

```
>>> print("你好')
```

输出结果

```
SyntaxError: unterminated string literal (detected at line 1)
```

那么，为什么会有两种引号呢？

两种引号的存在，能够让 Python 显示不同的符号。例如，通过"print('我说："早上好。"')"这样的代码，可以在字符串中显示双引号（"）。当用户使用单引号（'）括住开头时，字符串将一直持续到使用单引号（'）结尾为止，中间的双引号（"）被当作普通字符处理。

输入代码

```
>>> print('我说："早上好。"')
```

输出结果

```
我说："早上好。"
```

还能这么用！

25

第 5 课

将程序写入文件

能够执行一些简单的 Python 命令以后，我们开始将程序代码写入文件中来执行。

博士！这——和我想的不太一样呢。

嗯？为什么？？

我每次输入一点命令，它就执行一点，Python 就是这个样子的吗？

我们现在运行的是"Shell 窗口"。这种输入一行就会被立即执行的方式称为"交互式编程"。

但这样太麻烦了，我得不停输入命令才行。

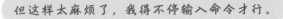

没错，一般的程序是用另一种方式创建的。我们预先将整个程序写入一个文件中，然后执行它。

这下看起来开始像一个程序了呢。

编写一个问候程序

现在，我们将程序写入文件并执行它。
主要分为以下三个步骤。

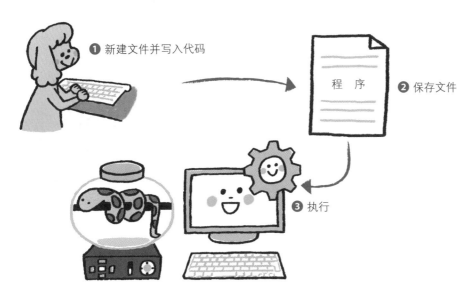

❶ 新建文件并写入代码

程　序

❷ 保存文件

❸ 执行

 ## 创建程序文件

① 从创建一个新文件开始

在 IDLE 的"File"菜单中 ❶
选择"New File"菜单项。

这是 Windows 系统的画面，macOS 系统大致相同。

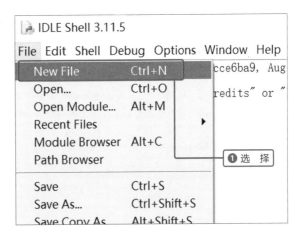

第5课

② 显示输入代码的窗口

IDLE 会打开一个全新的空白窗口，请在此输入程序的代码。

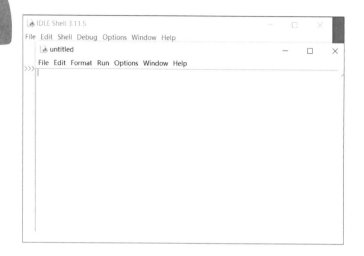

确实是空白的。

③ 输入程序

将以下两行"问候程序"代码输入到窗口中。

hello.py

```
print("你好，双叶同学。")
print("今天天气不错。")
```

注意

在 Python 中输入中文时的注意事项

初学 Python 的读者可能尚未习惯中英文输入模式的切换，所以一定要小心，并逐渐养成习惯。输入中文的时候，很有可能会将中文的标点符号，如逗号、句号、引号等输入到 Python 代码中。这些符号会和 Python 语法中使用的符号相混淆，导致代码出现错误。中文输入完毕后，千万不要忘了切换到英文输入模式！

④ 保存文件

❶ 选择"File"菜单里的"Save"菜单项。

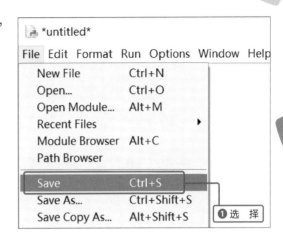

文件的保存位置

请将文件保存在不容易忘记的位置。简单起见，本书把代码文件保存到桌面。

⑤ 为文件添加扩展名

在弹出的"另存为"对话框中，❶ 输入文件名，❷ 点击"保存"按钮。

Python 文件的扩展名是".py"。要注意在文件名末尾添加".py"，如 hello.py。

如果不在末尾加".py"，这个程序将不能执行。

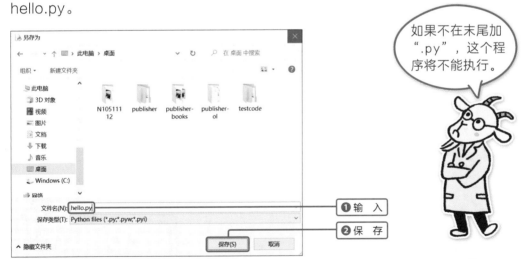

又有不熟悉的名词出现了。这回的"扩展名"又是怎么回事？

电脑中有着许多不同类型的文件。为了区分不同的文件类型，要在文件名的末尾添加区分符号——称为"扩展名"。

听起来还是有点难以理解，仿佛是把文件"展开了"或者是添加了额外的内容。

在 Python 下，要在程序的文件名末尾添加半角字符".py"。

⑥ 执行程序

在"Run"菜单中，❶ 选择"Run Module"菜单项，Python 便会执行程序，❷ 在 IDLE 的主窗口显示输出的问候语。

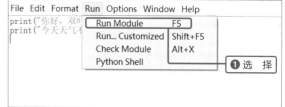

Python 在向我打招呼。

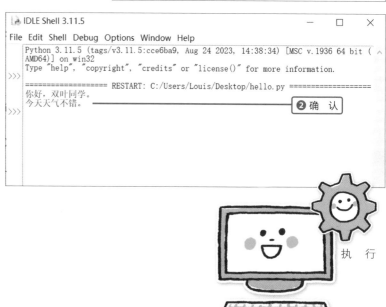

执 行

输出结果

你好，双叶同学。
今天天气不错。

我以为它会显示在我写的程序的正下方，结果是在 Shell 窗口里？也就是说，是在一个单独的窗口里显示的。

这是因为，程序文件是你写"执行什么"的地方，与"执行的结果"是不一样的。Shell 窗口是可以直接发出命令，并显示执行结果的地方。

我明白了，程序书写的地方是文件窗口，而程序执行的地方是 Shell 窗口。

备忘录

如果出现错误应该怎么办？

如果执行程序时出现问题，不要慌张，请仔细检查程序的代码。

常见的错误包括漏写引号、漏写括号、命令的字母大小写不正确、输入了全角字母或中文标点、输入了多余的符号等，这些错误是每个人都免不了会犯的。

具体来说，请看本书第 28 课"程序出错时怎么办"，里面有详细的说明。

我害怕出错。

随机抽签程序

让我们编写一个随机抽签的程序，每次执行会显示不同的结果。

① 创建新文件，输入代码

以下 3 行代码为抽签程序的内容。请将这些代码输入文件（代码的解释见第 3 章）。

fortune.py

```python
import random
fortunes = ["上上签", "上签", "中签", "下签"]
print(random.choice(fortunes))
```

好的！一个能抽签的程序，肯定很有趣！

现在看不懂也没关系，对照上面列出的代码输入即可。

② 保存文件

在"File"菜单内选择"Save"，以"fortune.py"文件名保存。

③ 执行程序

执行程序时会显示抽签的结果，每次执行会显示不同的结果。

输出结果

中签

上上签

下签

这是一个使用 random（随机）功能实现同一个程序每次执行时显示不同结果的样例。

就我而言，我第一次抽到了"中签"，第二次就抽到了"上上签"！太棒了。

第 5 课

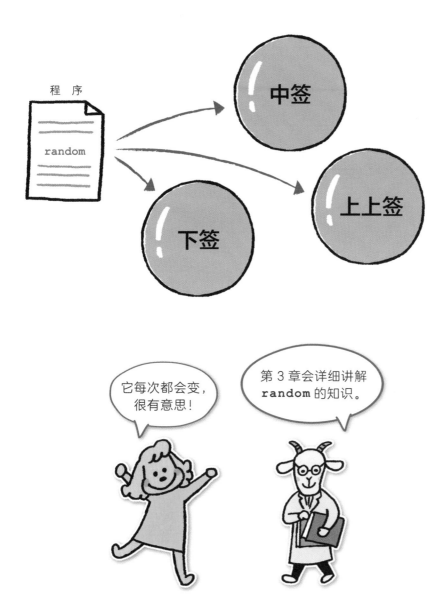

它每次都会变，很有意思！

第 3 章会详细讲解 random 的知识。

33

计算 BMI 的程序

现在，我们编写一个程序：输入身高和体重，输出身体质量指数 BMI。

① 创建新文件，输入代码

以下 4 行是 BMI 计算程序的代码，输入它吧（具体内容将在第 3 章讲解）。

bmi.py

```python
h = float(input("您的身高是多少 cm？ ")) / 100.0
w = float(input("您的体重是多少 kg？ "))
bmi = w / (h * h)
print("您的 BMI 是 ",bmi,"。")
```

代码开始变长了，输入的时候一定要仔细，不要出错哦。

② 保存文件

在"File"菜单中选择"Save"菜单项，以文件名"bmi.py"保存。

备忘录

BMI 是什么？

BMI 为 Body Mass Index（身体质量指数）的首字母缩写，是一个通过身高和体重计算得到的指数，用于评估身体健康状况。

右表给出了世界卫生组织（WHO）的标准。各个国家和地区会根据自身情况调整标准，我国把 BMI 在 24 ~ 28 设为"超重"，28 以上设为"肥胖"。

BMI	状 态
小于 18.5	偏 瘦
18.5 ~ 24.9	正 常
25.0 ~ 29.9	超 重
30.0 ~ 34.9	轻度肥胖
35.0 ~ 39.9	中度肥胖
40.0 以上	重度肥胖

来源：https://www.who.int/europe/news-room/fact-sheets/item/a-healthy-lifestyle---who-recommendations

③ 执行程序

执行时，Python 会提问"您的身高是多少 cm？"此时输入身高。紧接着，Python 会提问"您的体重是多少 kg？"此时输入体重。然后，Python 会计算 BMI 值并显示。

输出结果

```
您的身高是多少 cm？ 171 ──┐
                              ├── 输入身高和体重
您的体重是多少 kg？ 64 ──┘
您的 BMI 是 21.887076365377382 。
```

> 保险起见，可在英文模式下输入数字。

第 5 课

> 这是使用 input 功能的一个例子，是通过用户输入的内容改变结果的程序。

> 竟然要让女孩子输入体重！

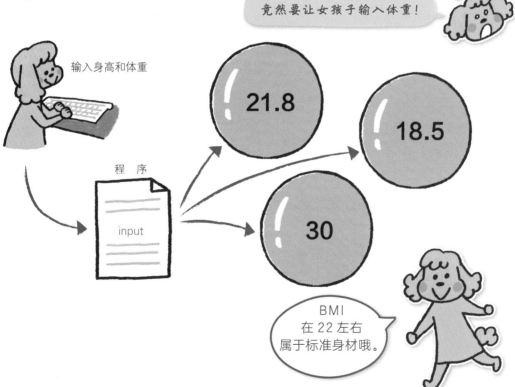

输入身高和体重

程序

input

21.8

18.5

30

> BMI 在 22 左右属于标准身材哦。

35

如何打开已经保存的程序?

哎呀! 不小心把窗口关闭了。好不容易输入的东西就这么没了吗?

没关系! 文件已经保存了, 只要选择文件并打开它就可以了。

① 打开文件对话框

❶ 在 "File" 菜单里选择 "Open" 菜单项, 弹出 "打开" 对话框。

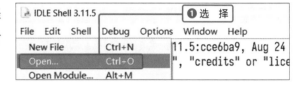

② 选择已保存的文件

❶ 选择文件, ❷ 点击 "打开" 按钮。

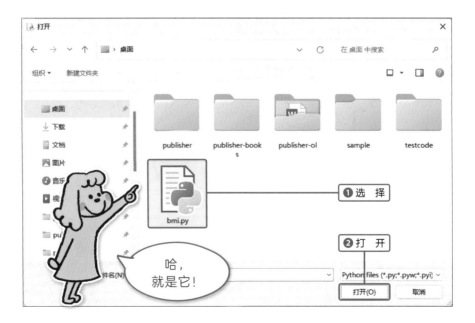

哈, 就是它!

但是，我不记得关闭时有没有保存了……

如果忘记保存了，关闭窗口时应该会弹出"关闭之前是否保存未命名的文件"等提示对话框。在这个对话框中点击"Yes"按钮，文件就会保存下来，放心吧。

第5课

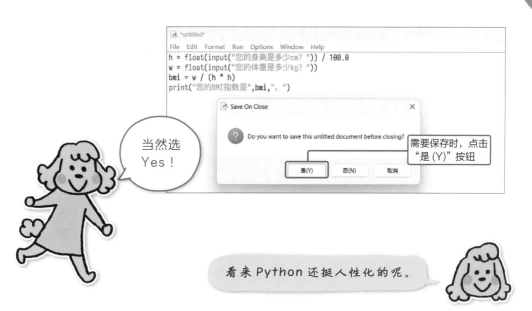

```
*untitled*
File  Edit  Format  Run  Options  Window  Help
h = float(input("您的身高是多少cm? ")) / 100.0
w = float(input("您的体重是多少kg? "))
bmi = w / (h * h)
print("您的BMI指数是",bmi,"。")
```

Save On Close   ×

? Do you want to save this untitled document before closing?

需要保存时，点击"是 (Y)"按钮

是(Y)   否(N)   取消

当然选 Yes！

看来 Python 还挺人性化的呢。

备忘录

用文本编辑器编程

Python 程序是文本文件，也可以用 IDLE 之外的文本编辑器编写。以扩展名".py"保存的文本文件，可以在 IDLE 的"File"菜单中选择"Open"菜单项来读取。

许多编辑器，如 Visual Studio Code、PyCharm 等支持代码高亮（通过颜色来强调 Python 语法）。虽然 IDLE 也能做到，但这些编辑器还引入了一些 IDLE 不支持的功能，如自动填写、整理格式等。有兴趣的读者可以尝试。

37

第 6 课

来用海龟绘图吧!

Python 中有一项为编程教育准备的功能——turtle（海龟）绘图模块。我们来试试吧。

全是在显示文字，我都看烦了。

双叶同学这么快就没兴趣了啊。那么，来试试绘图如何？通过让海龟走路来画线。这是适合小朋友的程序哦。

我可不是小孩子了……不过，海龟走路怎么就能画线了呢？

海龟走过的路线，会以线的形式描绘出来，类似于足迹。

是吗？如果是足迹，那应该是点状的才对。如果要画线，用蛇不就好了嘛。您看，Python 不就是蛇的意思嘛。

哎，你说的有道理……

绘制线段

我们用 turtle 绘图模块来绘图吧。

首先，我们展示一个让海龟直行，显示线段的程序。

输入以下 4 行代码并执行。执行后会打开一个新的窗口，海龟在窗口中"走路"，绘制出线段。

turtle1.py

```
from turtle import *      ⋯⋯⋯⋯ 准备 turtle 绘图模块
shape("turtle")           ⋯⋯⋯⋯ 海龟登场
forward(100)              ⋯⋯⋯⋯ 直行 100 步
done                      ⋯⋯⋯⋯ 结束
```

* 如果将文件命名"turtle.py"，它将尝试自己读取自己，产生错误。请把文件名改为"turtle1.py"。

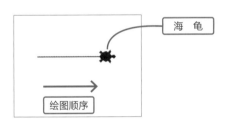

海龟

绘图顺序

海龟
在画线。

虽然不知道怎么回事，不过海龟确实从左往右走了。

forward 翻译成中文是"前进"的意思，所以 forward(100) 是前进 100 步的意思。

那也能向后走吗？

 使用 back 就能向后走了。另外，使用 left 或 right 可以让海龟转弯。left(90) 是左转 90 度的意思。

向着各个方向走呀走⋯⋯

39

绘制正方形

接下来，编写绘制正方形的程序。"直行，然后向左转90度"，将这一组动作循环执行4次，绘制正方形。

输入下面6行代码，执行并查看结果（与turtle1.py不同的地方做了颜色区分）。

turtle2.py

```
from turtle import *      ············· 准备 turtle 绘图模块
shape("turtle")           ············· 海龟登场
for i in range(4):        ············· 将以下 2 行循环执行 4 次
    forward(100)          ············· 直行 100 步
    left(90)              ············· 左转 90 度
done()                    ············· 结束
```

输出结果

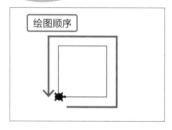
绘图顺序

forward和left前面的空格好麻烦，我把它玄掉吧。

啊！这个叫缩进，非常重要哦。

不就是个空格，有这么重要吗？

在 Python 编程语言中，这些空格是有重要意义的。

我差点稀里糊涂地把它们玄掉了。

这 4 个英文空格是不能删除的。

```
for i in range(4):    ......... 指定循环的次数
    forward(100)
                      ......... 循环的部分
    left(90)
done()
```

备忘录

缩进的输入方法

缩进是用 [Tab] 键或空格键输入的。但是，IDLE 是专门执行 Python 语言的应用程序，它具有在需要的地方自动缩进的功能。

比如，写下含有 **for** 命令的语句后换行，下一行会自动缩进，可直接输入下一行代码。换行时，紧接着的下一行也会自动缩进，方便继续输入程序。

因为是自动缩进，所以不需要缩进时可以手动删除缩进。换行后，如果处于缩进状态，可在 Windows 中按 [Backspace] 键删除，在 macOS 中按 [delete] 键删除。

注 意

开头的空格输入多了也不行！

空格在 Python 中有着特殊意义，在不需要缩进的一行开头错误地输入了空格也会报错。命令正确却报错，请检查开头是不是错误地输入了空格。

41

绘制彩色的五角星

下面编写绘制五角星的程序。"直行，然后左转 144 度"，循环执行 5 次，绘制五角星。机会难得，我们可以预先准备 5 种颜色的名称，改变线条的颜色。

输入以下 8 行代码，执行程序（与 turtle2.py 不同的地方做了颜色区分）。

turtle3.py

```
from turtle import *                                    ········· 准备 turtle 绘图模块
shape("turtle")                                         ········· 海龟登场
col = ["orange", "limegreen", "gold", "plum", "tomato"]  ··· 5 种颜色
for i in range(5):                                       将以下 3 行循环执行 5 次
    color(col[i])                                        ········· 改变颜色
    forward(200)                                         ········· 直行 200 步
    left(144)                                            ········· 左转 144 度
done()                                                   ········· 结束
```

输出结果

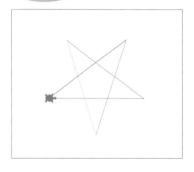

第 5~7 行要缩进。

星星。太酷啦！

绘图顺序

绘制五彩斑斓的花朵

我们把绘制五角星的程序改造为绘制花朵的程序。

循环的内容改为"绘制半径 100 的圆，然后左转 72 度"，就能绘制花朵了。

修改 turtle3.py 中的第 6、7 行，执行程序。

第 6 课

turtle4.py

```
from turtle import *
shape("turtle")
col = ["orange", "limegreen", "gold", "plum", "tomato"]
for i in range(5):
    color(col[i])
    circle(100) ·················· 绘制半径 100 的圆
    left(72) ·················· 左转 72 度
done()
```

海龟团团转，
我的眼睛也晕得
团团转啦！

输出结果

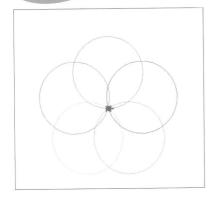

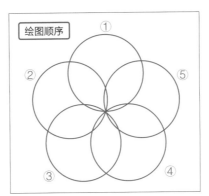

绘图顺序 ① ② ⑤ ③ ④

只是稍微改了下程序，变化这么大呀！

哪怕只是改变循环次数和旋转角度，也可以变化出各种
形状哦。

想试一试各种变化呢！

尝试更复杂的绘图

编写更复杂的程序，就可以画出更加复杂的图形。我们来试试 IDLE 自带的演示界面吧。

① 显示 turtle 模块的演示界面

❶ 在"Help"菜单中选择"Turtle Demo"菜单项，显示 turtle 模块的演示界面。

② 选择样例

这个演示界面的"Examples"菜单中有各种样例。通过更改输入的程序，可以绘制各种不同的图案。比如，❶ 在"Example"菜单中选择"Forest"菜单项。

每个都是用 turtle 模块绘图的样例哦。

有这么多呀！

③ 演示绘制森林的样例

左侧显示的是绘制森林的代码，很多内容现在都看不懂，不过没关系。界面下方有"START"按钮。❶ 点击"START"按钮，即刻自动绘制各种树木。

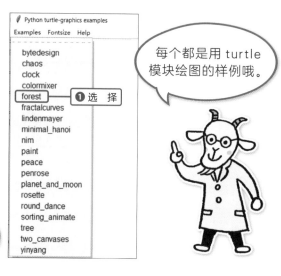

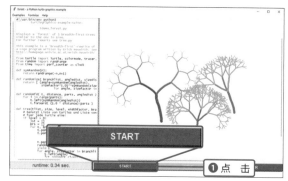

第 3 章

了解程序的基础知识

我想要
了解程序的
基础知识。

我会讲解程序的
分析方法和语法。

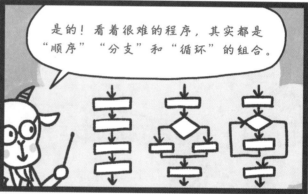

引 言

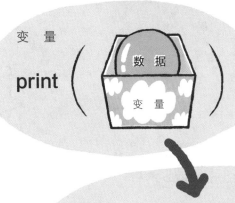

变 量

print

数据

变 量

要做的
还很多呢!

你好。我的名字叫Python。

0	1	2	3	4	5	6	7	8	9	10	11	12	13	14
-15	-14	-13	-12	-11	-10	-9	-8	-7	-6	-5	-4	-3	-2	-1

顺序、分支、循环

| 条件表达式 | 是 |
| 否 | |

条件为真时的处理

| 处理 1 |
| 处理 2 |
| 处理 3 |

函 数

参数

操作

返回值

函数

模块的导入(import)

第 3 章 了解程序的基础知识

第 7 课

什么是程序？

在博士看来，大家在使用"程序"这个词时都是不假思索的。这节课，我们一起重新理解"程序"的含义。

终于要开始具体地讲解程序了。

感觉程序有点可怕，我能行吗？

从某种意义上讲，计算机其实和小朋友很像。如果没有人类教它，它什么也做不了。

诶？真的吗？

它其实什么都不懂，需要人类一步一步、手把手教它怎么做。这就是程序的意义。

计算机就像个小孩子啊。那样的话，应该就没有那么可怕了吧。

48

程序究竟是什么？我们可能要从"程序"的英文单词"program"分析。"pro"有"预先"的含义，"gram"有"写下的东西"的含义。结合起来，"程序"是为接下来要做的事情写下的"计划表"（program）。

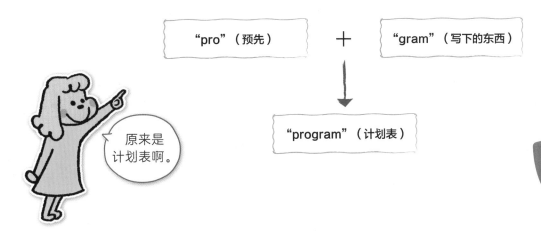

"pro"（预先） ＋ "gram"（写下的东西）

"program"（计划表）

原来是计划表啊。

在我们的生活中，有很多事物和"程序"有类似的含义。比如，音乐会的程序是"接下来要演奏的曲目的计划表"，减肥的程序是"接下来进行减肥的计划表"。因此，计算机程序是"计算机要进行的事项的计划表"。

谢谢！我要执行了。

把计划表发给你了。

程序（计划表）

程序的写法会因编程语言而异。那么，用 Python 该如何编写程序呢？我们来看一看。

第 8 课

将数据放入"容器"中使用

数据在程序中至关重要。本节课带大家了解数据的容器以及数据的种类。

双叶同学,你吃点心的时候是怎么做的?是把橙汁倒入杯子里,饼干摆在盘子里的吧。

博士,您这么一说我都饿了。咕……

实际上在程序里,容器也是很重要的。数据要放入容器中来处理。这个数据的"容器"称为"变量"。

点心也好,数据也好,都要放到容器里呀。

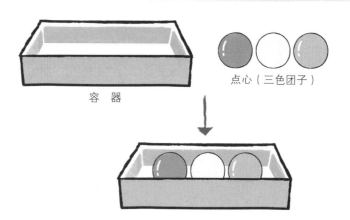

点心(三色团子)

容 器

变量的用法

数据要放入"存放数据的箱子"中才能使用。这些"箱子"称为"变量,用来存放临时数据或者计算结果。

与其他编程语言不同,Python 可以非常简单地创建变量,写成"< 变量名 > = < 值 >"的形式即可。

比如,创建变量 **a** 并赋值 **10**,写成 **a = 10**。

格式:变量的用法

< 变量名 > = < 值 > ·················	创建变量并赋值
print(变量名 **)** ····················	显示变量的内容

第 8 课

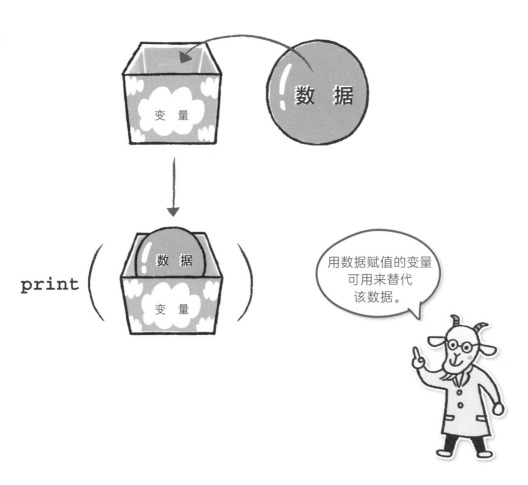

用数据赋值的变量
可用来替代
该数据。

显示变量

现在，我们来为变量赋值，并让它显示出来。

以下程序执行时，为变量赋值 **10**，然后显示这个值。

 var1.py

`a = 10`	为变量赋值
`print(a)`	显示变量的内容

输出结果

```
10
```

 为什么叫变量呢？名字很奇怪啊。

 它可不是"奇怪的量"，而是"可以变化的量"。

 可以变化，会有什么好处吗？

 在相同的程序中，只要修改变量的内容，结果也会随之改变。换句话说，根据用户使用程序时输入的内容，变量会给出与用户相符的结果。

 会为了我给出结果，太开心啦。

 ## 用变量计算

我们来回顾第 2 章 BMI 计算程序中执行的计算。假设身高为 **h**（m），体重为 **w**（kg），那么可以通过 "**w÷(h×h)**" 计算 BMI。这就是使用变量进行的计算。

运行以下程序，以显示计算结果。

```
var2.py
h = 1.71
w = 64
bmi = w / (h * h)  ·························· 使用变量计算
print(bmi)
```

输出结果

```
21.887076365377382
```

呃，怎么感觉突然变难了。

是不是因为出现了全是字母的计算公式呀。但使用的只有 h、w、bmi 三个变量，只需要三个"箱子"。

全是符号，眼睛都花了……

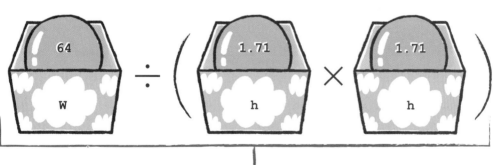

数据的种类

可以赋予变量的数据有很多种，如"数值""字符"等。这些统称为"数据类型"。

Python 中的数据类型有处理整数的整数型、处理小数的浮点型、处理字符和字符串的字符串型、处理真假的布尔型等。

主要的数据类型

用途
各不相同哦。

分 类	数据类型	说 明
数值（整数型）	int	用于数量或序号
数值（浮点型）	float	用于一般的计算
字符串型	str	用于处理字符和字符串
布尔型	bool	用于在真（**True**）和假（**False**）中二选一

在许多编程语言中，编写程序时需要注意这些数据类型。但在 Python 中，处理数据时不用特别留意这些。

无论哪种数据类型都可以用"< 变量名 > = < 值 >"来赋值。

接下来，尝试用各种数据类型为变量赋值。

var3.py

```
i = 100          整数型
f = 12.3         浮点型
w = "hello"      字符串型
b = True         布尔型
print(i, f, w, b)
```

输出结果

```
100 12.3 hello True
```

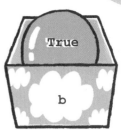

各种数据被
赋值给了变量。

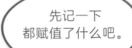
先记一下
都赋值了什么吧。

数据类型有好多呀。但如果不需要特别注意,那不知道
也没关系吧。

先记住"数据有很多类型"吧。这是因为不同类型的
数据往往无法用相同方式处理。

啊,真麻烦。差不多就行了吧。

举个例子,双叶同学在喝茶,茶水变少后,会随便添加
汽水等饮料吗?还是给茶杯里添水,给饮料里添饮料呢?

啊,果然不能太随意呀,会喝不下去的……

第9课

了解字符串的操作

字符串的操作很有特点，我们来看看字符串是如何操作的。

还记得字符串吗？

记得哦，用双引号（"）括起来的。

在各种数据中，字符串也算是对人类特别重要的数据。

原来如此。字符串是为了人类阅读而存在的。

正因为如此，字符串可以进行各种处理。

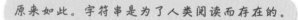

"一二三四五"

"一二三四五"

执 行

连接字符串

　　使用运算符 **+** 可以将两个字符串连接在一起。我们来把"你好。"和"我的名字叫 Python。"两个字符串联起来。

var4.py

```
w = "你好。" + "我的名字叫 Python。"
print(w)
```

输出结果

```
你好。我的名字叫 Python。
```

 ## 查询字符数

　　查询字符串中字符的个数时，使用 **len()**。

格式：查询字符数

```
len(< 字符串 >)
```

　　来查一下刚才的字符数。已知字符串中包括标点和英文字母在内一共有 15 个字符。

var5.py

```
w = "你好。" + "我的名字叫 Python。"
print(len(w))
```

哇！可以知道字符数了。

输出结果

```
15
```

查询字符数，能起到什么作用呢？

用处有很多。比如，当字符数过多时会提示"字符串超出"，这种情况挺常见的吧。

真的会有不知不觉输入太多导致字符数超出的情况呢。

len 是表示长度的单词"length"的缩写。len() 不仅可以查询字符串，还可以查询稍后要讲的列表的长度。

总之，查询长度时要使用 len()。

 ## 提取字符串的一部分

要从字符串中提取一部分时，使用 [ ]（中括号）。

既可以使用"[< 位置 A>]"提取 1 个字符，也可以用"[< 位置 A>:< 位置 B>]"提取指定范围内的所有字符。

格式：提取字符串

< 字符串 >[< 位置 A>]	位置 A 处的 1 个字符
< 字符串 >[< 位置 A>:< 位置 B>]	从位置 A 到位置 B 之前的字符串
< 字符串 >[:< 位置 B>]	从开头到位置 B 之前的字符串
< 字符串 >[< 位置 A>:]	从位置 A 到末尾的字符串

马上要提取它们了！

此时，位置以从 0 开始的序号指定，从开头起按 **[0][1][2]** 等依次分配。比如，字符串"你好，我的名字叫 **Python**。"包含 15 个字符，所以用 **[0]** ~ **[14]** 指定。

Python 为我们提供了这样的功能：用负值指定"从末尾开始的位置"。比如，倒数第 3 个字符"**o**"可以用 **[-3]** 指定。

你好。我的名字叫Ｐｙｔｈｏｎ。

| 0 | 1 | 2 | 3 | 4 | 5 | 6 | 7 | 8 | 9 | 10 | 11 | 12 | 13 | 14 |
| -15 | -14 | -13 | -12 | -11 | -10 | -9 | -8 | -7 | -6 | -5 | -4 | -3 | -2 | -1 |

注意从 0 开始。
第 1 个字符的序号
是 0。

我们来尝试提取开头的"你"、中间的"我的名字"和末尾的"**Python**。"并显示出来。

"你"是第 0 号的单个字符，指定为 **w[0]**；"我的名字"从第 3 号到第 6 号（第 7 号之前），指定为 **w[3:7]**；"**Python**。"从倒数第 7 位开始一直到末尾，指定为 **w[-7:]**。

var6.py

```
w = "你好。" + "我的名字叫 Python。"
print(w[0])
print(w[3:7])
print(w[-7:])
```

输出结果

```
你
我的名字
Python。
```

第 9 课

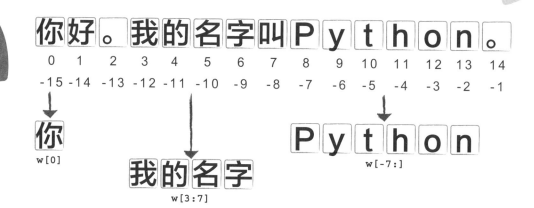

 ## 在字符串之中换行

换行时，要输入特殊的换行代码。写法是在反斜杠 \ 后紧接字母 n，写作 \n。
我们在"你好。"和"我的名字叫 Python。"之间加入 \n，来看看输出结果。

 var7.py

```
w = "你好。" + "\n" + "我的名字叫 Python。"
print(w)
```

在 \n 的位置
换行了。

输出结果

```
你好。
我的名字叫 Python。
```

为什么要特意在字符串中间换行呢？多写几个 print() 也行吧？

如果这样的话，每次换行不仅需要 print()，还需要许多变量，把字符串赋值给它们。借助换行代码，用包括换行代码的多行字符串给 1 个变量赋值，只要 1 个 print() 就能显示它们。

这样就能将篇幅很长的文章汇总在 1 个变量里了。

第 9 课

61

第 3 章　了解程序的基础知识

第 10 课

数据类型转换

　　大多数时候，同一类型的数据才能一起处理。但是，不同类型的数据可以通过类型转换变为相同类型。

你觉得把字符串"你好"和数值"100"相加会怎样？

字符串和数值相加？不可以吧。

说得没错。字符串和数值没办法直接相加。那么，假设人类输入的是字符串"100"。想在"100"上加 23，你觉得应该怎么办？

只要"100"加上 23……啊！还是字符串和数值，不能相加呀。

但是很多时候会面临这样的情况，想要把人类输入的字符串或者从网上下载的字符串数据作为数值进行计算。

嗯,好头疼啊……

这时候就要用数据类型转换函数，把字符串"100"转换为数值 100，再进行加法运算。

62

哇，原来还有这么方便的函数。

 数据类型转换函数

前面说过，使用 Python 的变量时不用特别留意数据类型。

但是，想要使用用户输入的字符串数据进行计算，或者使用网上下载的字符串数据进行计算，就要留意数据类型了。这是因为不同的数据类型无法直接进行计算。此时，就要用数据类型转换函数，将数据转换为相同类型，再进行计算。

格式：数据类型转换函数

函　数	用　途
int(< 字符串 >)	将字符串型数据转换为整数型
float(< 字符串 >)	将字符串型数据转换为浮点型
str(< 数值 >)	将整数型或浮点型数据转换为字符串型

每种类型使用的函数不一样呢。

试一试字符串"100"和整数 23 直接相加会发生什么。执行以下代码，会显示错误。

var8error.py

```
a = "100"
print(a+23)
```

报错了！

输出结果

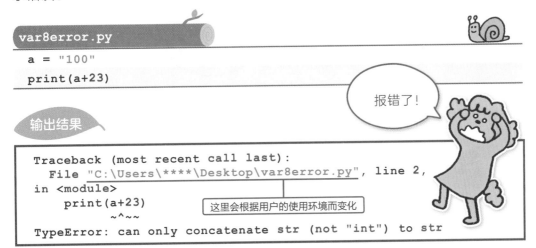

```
Traceback (most recent call last):
  File "C:\Users\****\Desktop\var8error.py", line 2,
in <module>
    print(a+23)
        ~^~~
TypeError: can only concatenate str (not "int") to str
```

这里会根据用户的使用环境而变化

我们使用 **int()** 将字符串转换为整数后再进行计算，这样就可以完成加法运算，显示结果"123"。这就是数据类型转换的基本用法。

```
var8.py
a = "100"
print(int(a)+23)
```

输出结果

```
123
```

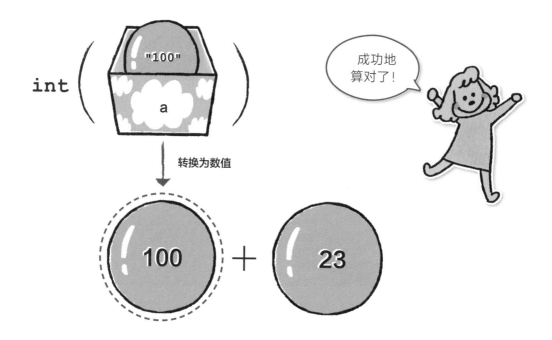

成功地算对了！

但是，数据类型转换也有要注意的地方。比如，将字符串"你好"转换为数值肯定会报错。要认真负责地处理哦。

这就是所谓的"自由伴随着责任"吧。

无法转换时会报错

如果对象是无法转换为数值的字符串，数据类型转换就会出错。尝试字符串"你好"和整数的加法运算，就会明白是如何出错的了。

test1.py

```
b = " 你好 "
print(int(b)+23)
```

输出结果

```
Traceback (most recent call last):
    File "C:\Users\****\Desktop\sample\test.py", line 2, in
<module>
    print(int(b)+23)
    ^^^^^^
ValueError: invalid literal for int() with base 10: ' 你好 '
```

这里会根据用户的使用环境而变化

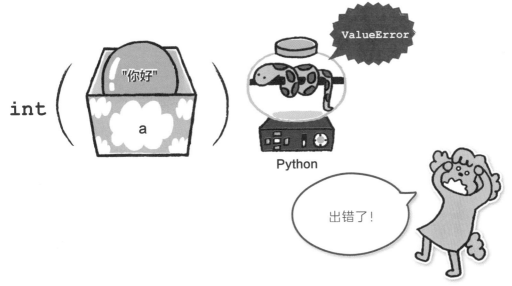

Python

ValueError

出错了！

这种错误可以通过预先检查来防止。使用 **isdigit()** 函数可以检查该变量能否正确转换为数值：能够时返回 **True**，不能时返回 **False**。在程序中设置仅在查询结果为 **True** 时进行转换，就不会出错了。

格式：isdigit()

`< 要检查的变量 >.isdigit()`

作为测试，我们检查一下变量 **a** 和 **b** 能否被转换为数值。

test2.py

```
a = "100"
b = " 你好 "
print(a.isdigit())
print(b.isdigit())
```

输出结果

```
True
False
```

由此可知，"100"可以转换为整数（**True**），"你好"不能转换（**False**）。

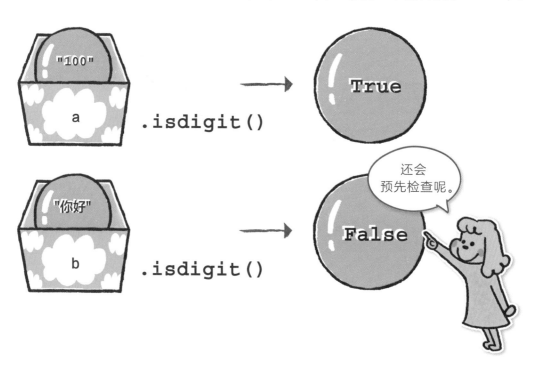

使用刚才介绍的方法运行下面的"你好"和整数 23 的加法运算程序，当无法转换为整数时向我们显示"不是整数"。执行这个程序，可以预见，结果会输出"不是整数"而不会报错。

像这样，想方设法地让程序不会因错误而结束，在编程中是很重要的。

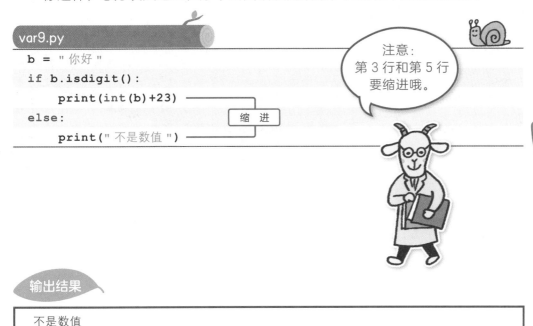

var9.py

```
b = "你好"
if b.isdigit():
    print(int(b)+23)
else:
    print("不是数值")
```

缩　进

注意：
第 3 行和第 5 行
要缩进哦。

输出结果

```
不是数值
```

这个 if 和 else 是什么？

if 语句是需要根据不同条件分别进行处理时使用的命令。稍后会对它进行详细说明，现在先照着输入好了。缩进的位置也要注意哦。

啊，又出现了。这些空着的空格也很重要呢。

第 11 课

把很多数据汇总到列表中

需要处理很多数据时，可以汇总到列表中处理，通过索引列表中的数据编号来读写。

一般的变量，只能为其赋予一个数据。当数据很多时，用变量处理很麻烦。比如，当有 100 个数据时，需要 100 个变量，还要为它们起 100 个名称。

100 个变量也太麻烦了。名称也只能用编号的方式起成"某某 1""某某 2"这样了。

这个想法还不错。其实，当数据较多的时候，可以将数据装入"许多数据的容器"——列表中，通过编号进行读写。

猜对了一点呢。

比如"从 0 到 99 循环"，只用一条语句就能指定，十分适合计算机的结构。

从 0 到 99 循环。

好的。

执　行

列表的写法

需要使用许多数据时，不建议为单个数据使用变量，应该使用列表。

列表就好比带有编号的货架，通过指定编号来确定值，从而将数据存入或取出。因为不是用名称，而是用编号指定，所以即便数据很多，也能轻松处理。

列表中的每个值称为"元素"，指定的编号称为"索引"（index）。

索引从 0 开始，之后是 1、2……不断排列下去。

格式：列表的用法

```
<列表名> = [<元素1>, <元素2>, <元素3>, ...]        ········ 创建列表
print(<列表名>[索引])                          ················· 显示列表的元素
```

我们来创建一个"午餐菜单"的列表，并显示其中的第 3 个元素。

list.py

```
lunch = ["米饭", "面条", "汉堡包", "水饺", "套餐"]
print(lunch[2])
```

输出结果

```
汉堡包
```

抽签程序所用的列表

其实，列表已经在前面的某些应用程序中使用过了，如抽签和海龟绘图。我们来回顾一下。

fortune.py（第2章样例）

```
import random
fortunes = ["上上签", "上签", "中签", "下签"]
print(random.choice(fortunes))
```

输出结果

中签	第1次

上上签	第2次

下签	第3次

第2行的"["上上签"，"上签"，"中签"，"下签"]"就是列表。作为抽签的结果，放入了4个字符串数据。

我当时就觉得有某种排列的规律，原来这就是列表啊。

因为数据是4个，可以用索引0~3读取。

如果在这个列表中添加"上平签""下平签""下下签"之类的元素，是不是能够进一步增加抽签结果呢？

正是如此。对列表增减数据很方便，就像你说的那样哦。

上上签	上签	上平签	中签	下平签	下签	下下签

增减方便。

fortune+.py

```
import random
fortunes = ["上上签", "上签", "中签", "下签", "上平签", "下平签",
    "下下签"]
print(random.choice(fortunes))
```

输出结果

上平签	第1次
下平签	第2次
上上签	第3次

不知道哪个
会出来，全凭运气。

有上上签吧。

上上签，希望我能抽到。

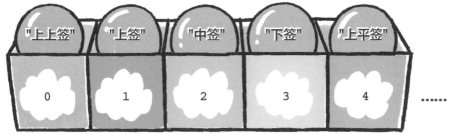

fortunes

random.choice(fortunes)

海龟绘图所用的列表

在海龟绘图的样例程序中，我们将颜色的名称放入列表。

turtle3.py（第 2 章样例）

```
from turtle import *
shape("turtle")
col = ["orange", "limegreen", "gold", "plum", "tomato"]  …颜色名称
for i in range(5):
    color(col[i])
    forward(200)
    left(144)
done()
```

输出结果

 第3行的 ["orange" "limegreen" "gold" "plum" "tomato"] 就是列表了。它是包含了颜色名称的数据。

原来这些是颜色的名称啊，我都没注意。只是觉得里面有一些水果什么的，感觉很美味的样子。

 尝试改写列表的内容。也可以改为常见的颜色哦。

72

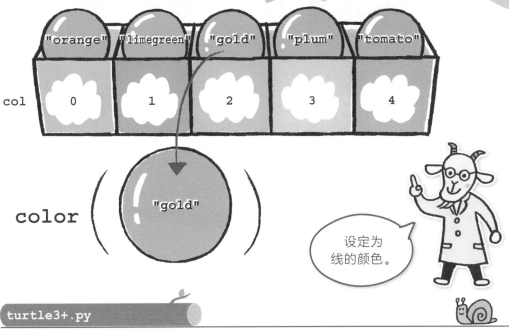

"orange" "limegreen" "gold" "plum" "tomato"

col 0 1 2 3 4

color ("gold")

设定为
线的颜色。

turtle3+.py

```
from turtle import *
shape("turtle")
col = ["red", "blue", "green", "brown", "black"]   … 颜色名称
for i in range(5):
    color(col[i])
    forward(200)
    left(144)
done()
```

输出结果

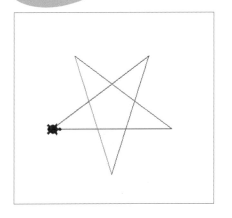

成功了！
颜色变了。

73

第 12 课

程序的三个基本要素

到目前为止，我们学习了数据的处理方法以及相关的函数。本节课，我们来分析如何使用所学知识来编写程序。

你觉得应该如何分析程序呢？

嗯……要怎么做呢？让更聪明的人来分析好了。

程序的基本要素其实只有三个。

只有三个吗？

让人感到复杂的程序，其实都是由顺序、分支和循环这三个要素组合而成的。分析程序时，按要素整理很重要。

只有三个的话，我应该能行。

| 顺序 | 分支 | 循环 |

从上到下依次执行——顺序

　　基本的程序结构是从上到下依次执行的，称为"顺序"。

　　这是一种简单易懂的结构。虽然是理所应当的，但以这个结构分析，可以帮助我们理清程序处理问题的顺序。

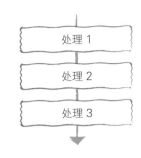

如果……则执行——分支

　　遇到"如果怎样，就做什么事情"的情况，就会用到"分支"。根据条件，进行"处理还是不处理"的选择，或者进行情况的区分。

　　分支在 Python 中用 **if** 语句编写。

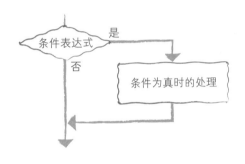

循环的处理

　　需要重复处理相同或相近的步骤时，就会用到"循环"。

　　循环在 Python 中用 **for** 语句编写。可以进行指定次数的循环，或者查询列表所有元素的循环。

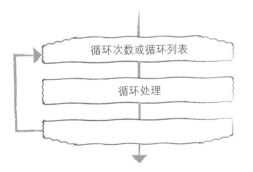

　　"从上到下依次执行"是最容易理解的。关于"如果……则执行"和"循环的处理"，我们在接下来的内容里一一讲述。

第13课

如果……则执行

遇到"如果……则执行"的情况，要使用 **if** 语句。根据条件，决定处理或不处理。

计算机有许多擅长的技能，其中之一就是"判断"。

确实如此！计算机给我一种能够精确判断问题的感觉。

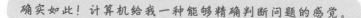

其实，计算机的"判断"从根本上来说是在解决类似"如果怎样，就做什么事情"的问题。

诶？这是怎么回事？

计算机进行判断时，是使用一种称为"条件表达式"的表达式来分析的。

嗯嗯。

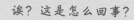

计算机查询表达式的值，做出"在真和假之中选择"的判断。

是看"正不正确"来判断的啊。

第3章　了解程序的基础知识

因此，只要表达式为真，就执行某些任务；如果为假，就不执行。只会二选一，不存在模棱两可的情况。

哈哈。原来计算机的判断是这样的啊。

处理这些的就是 if 语句了。我们接着往下看吧。

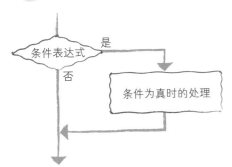

第13课

 if 语句的写法

在 if 语句中，要把"如果如何如何"的部分和"执行某些任务"的部分分开来写。

格式：if 语句

```
if <条件表达式>:        "如果如何如何"的部分
    <条件为真时的处理>
```

"如果如何如何"的部分，使用"条件表达式"来查询结果。比如，对比 2 个值，查询它们是否相同。

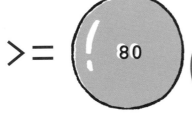

score >= 80

根据变量内容，条件表达式是真还是假，也会发生变化。

在此情形下使用的比较2个值的符号称为"比较运算符"。它有许多种类，如"是否相同""是否不同""是否较大""是否较小"等。

格式：比较运算符

符　号	用　途
==	左边和右边相同
!=	左边和右边相同
<	左边小于右边
<=	左边不大于右边（小于或等于）
>	左边大于右边
>=	左边不小于右边（大于或等于）

或者大，
或者小，
都有可能。

"执行某些任务"的部分，要另起一段并缩进。如果"执行某些任务"的内容只有一行，就将这一行缩进；如果有多行，那么所有行都要缩进。这是因为，缩进的部分在 Python 中视为一个整体进行处理。

该缩进的一个整体称为"代码块"。

缩进程度代表了处理的层次。缩进相同的一组代码块，在同一层次上，按照前文叙述的"顺序"方式处理。

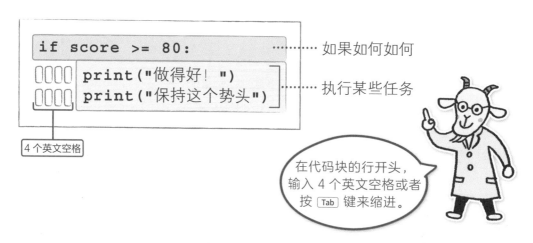

```
if score >= 80:
    print("做得好！")
    print("保持这个势头")
```

4 个英文空格

············→ 如果如何如何

············→ 执行某些任务

在代码块的行开头，
输入 4 个英文空格或者
按 Tab 键来缩进。

在代码块的行开头，按 Tab 键或者输入 4 个英文空格来缩进。但是，在 IDLE 中输入时，**if** 语句下一行的代码会作为代码块自动缩进。代码块结束后，不需要缩进时，要删除 Tab 或空格。

尝试 if 语句

我们来编写一个如果 **score** 达到 80 分以上，就显示"做得好！保持这个势头"的程序。

当 **score** 达到 80 分以上时，显示"做得好！保持这个势头"；当 **score** 小于 80 分时，什么也不显示。

```
if1.py
score = 90
if score >= 80:
    print("做得好！")
    print("保持这个势头")
```

输出结果

```
做得好！
保持这个势头
```

那如果刚好是 80 分会怎么样？

刚才的条件表达式是 score >= 80，它包含了 80 分的情况，所以刚好 80 分的时候也会显示哦。

刚刚好，安全！

但如果条件表达式是 score > 80，就不包含 80 分，这时取得了 80 分也不会显示。

刚好超出范围了！

第13课

编写"不是这样"时的处理

在 `if` 语句中还可以追加"不是这样时做某事"的处理。此时使用 `if else` 语句。

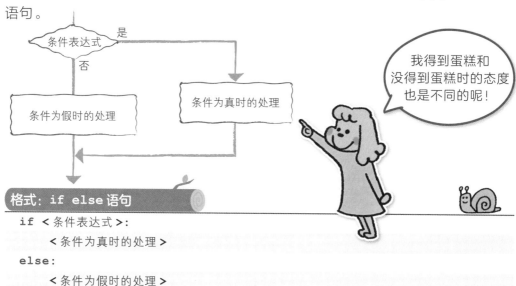

我得到蛋糕和没得到蛋糕时的态度也是不同的呢！

格式：if else 语句

```
if <条件表达式>:
    <条件为真时的处理>
else:
    <条件为假时的处理>
```

我们在之前的基础上编写一个如果 **score** 在 80 分以上，就显示"做得好！保持这个势头"；如果不是，则显示"很遗憾"的程序（与 if1.py 不同的地方做了颜色区分）。

当 **score** 在 80 分以上时，显示"做得好！保持这个势头"；当 **score** 小于 80 分时，显示"很遗憾"。

if2.py

```python
score = 60
if score >= 80:
    print("做得好！")
    print("保持这个势头")
else:
    print("很遗憾")
```

输出结果

```
很遗憾
```

备忘录

"不是这样"时，"如果……"

在 **if** **else** 语句中，根据一个条件的结果切换 2 种处理方式：如果是条件 A，则进行处理 1；如果不是，则进行处理 2。

在 **if** 语句中，可以进一步追加条件。如果是条件 A，则进行处理 1；如果不是，则进一步判断；如果是条件 B，则进行处理 2；如果都不是，则进行处理 3。像这样，根据 2 个条件切换 3 种处理方式的分支。

格式：if 语句

```
if <条件表达式 A>:
    <条件 A 为真时的处理 1>
elif <条件表达式 B>:
    <条件 A 为假、条件 B 为真时的处理 2>
else:
    <两个条件均为假时的处理 3>
```

在此基础上还可以用 **elif** 追加条件，用更多的条件表达式处理更多分支。

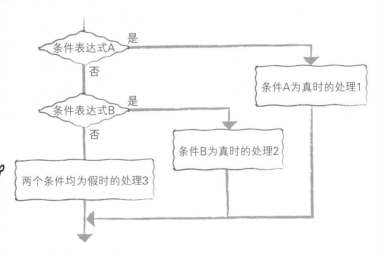

第
13
课

第14课

循环的处理

重复处理相同或相近的步骤时，使用 **for** 语句，指定次数或者列表进行循环。

计算机擅长循环。计算机对于同样的事情，无论是几千次还是几万次，都能轻而易举地重复执行，不会厌烦，也不会出错。很厉害吧。

我是模仿不了啦。

人类觉得"这样重复太麻烦了，我做不了"的事情，让计算机来做就好了。

那就拜托了。

这时候也有人类要做的事情哦。那就是，决定循环做什么和循环多少次。

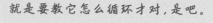

就是要教它怎么循环才对，是吧。

这一操作使用的是 **for** 语句。我们接着往下看。

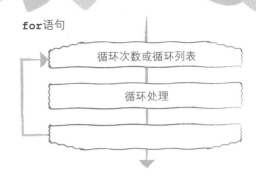

for语句

| 循环次数或循环列表 |
| 循环处理 |

箭头回到上面了呢！

 ## 指定次数进行循环的 `for` 语句

在 Python 的 **for** 语句中，有指定次数进行循环的 **for** 语句和根据列表元素循环的 **for** 语句两种。

在指定次数进行循环的 **for** 语句中，先指定循环次数，然后指定循环处理的操作。此时，还需要指定用来统计次数的"计数变量"。

格式：for 语句（指定次数）

```
for <计数变量> in range(<次数>):
    <循环处理>
```

循环次数用"**for <计数变量> in range(<次数>):**"指定。循环处理的步骤作为一个整体，要通过一层缩进，用代码块表示。

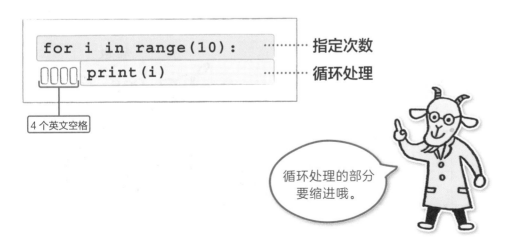

```
for i in range(10):      ……… 指定次数
    print(i)             ……… 循环处理
```

4 个英文空格

循环处理的部分要缩进哦。

作为示例，我们先来编写一个进行 5×0 ～ 5×9 的 10 次乘法运算的程序。循环次数从 0 到 9 一共 10 次，循环处理是计算 5 乘以计数值，显示乘法运算的答案。输入以下代码并执行，将乘法运算的结果分 10 行显示。简单起见，乘号 "×" 用英文字母 **x** 代替。

for1.py

```
for i in range (10)
        print(5,"x",I,"=",5*i)
```

输出结果

```
5 x 0 = 0
5 x 1 = 5
5 x 2 = 10
5 x 3 = 15
5 x 4 = 20
5 x 5 = 25
5 x 6 = 30
5 x 7 = 35
5 x 8 = 40
5 x 9 = 45
```

10 次乘法运算

通过 range(10) 依次产生了 0 到 9。

根据列表元素循环的 for 语句

根据列表元素循环的 **for** 语句，通过指定列表进行循环处理。此时，需要指定从列表取出的元素的临时存放"盒子"——存放元素的变量。

格式：for 语句 (指定列表)

```
for <存放元素的变量> in <列表>:
    <循环处理>
```

列表通过 "**for** <存放元素的变量> **in** <列表>:" 部分指定。
循环处理的步骤作为一个整体，要通过一层缩进，用代码块表示。

重复次数我明白，指定列表是怎么回事呀？

列表中有很多数据，对吧？要把这些数据一个一个取出来处理。这就是对指定列表的所有元素进行循环处理的含义。

一个一个？所有元素吗？

这样，我们来实际尝试一下显示列表内容的程序吧。依次显示 scorelist 中的所有内容。

for2.py

```
scorelist = [64, 100, 78, 80, 72]
for i in scorelist:
    print(i)
```

输出结果

```
64
100
78
80
72
```

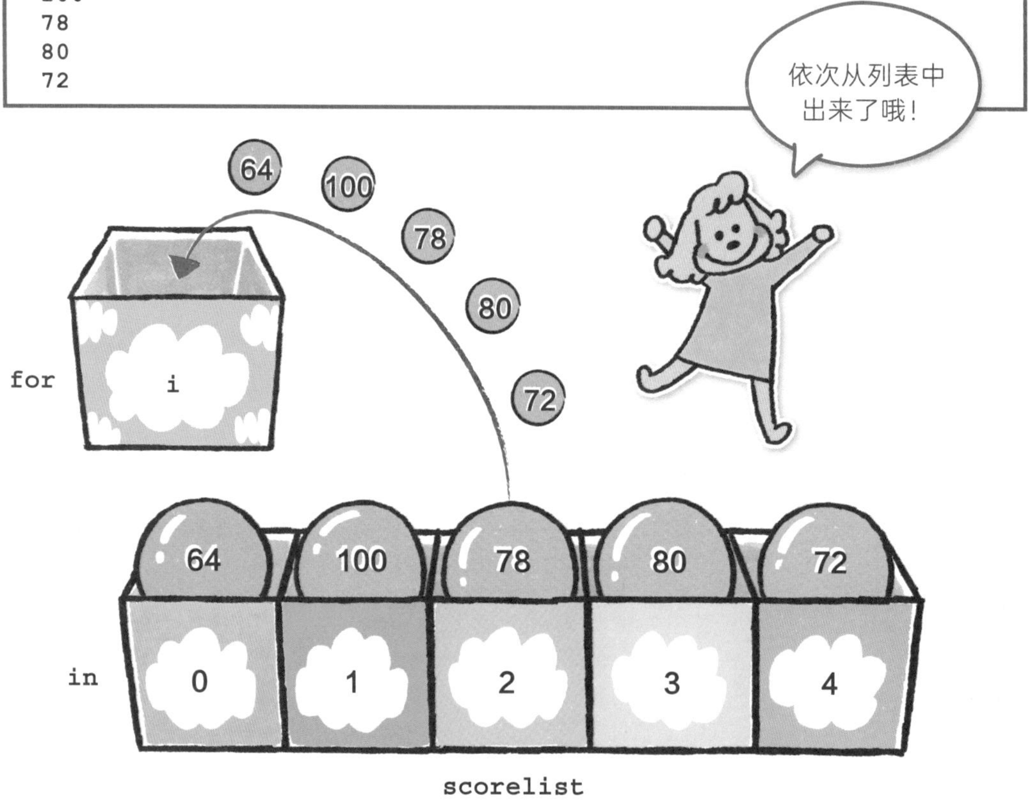

通过 for 语句对列表中的分值求和

我们来编写一个对列表（**scorelist**）中的分值求和的程序。

使用的列表是存放分值的 **scorelist**。只要依次将分值取出并相加，就能知道总和。

因为要求和，所以需要创建一个总和变量（**total**），在一开始时为它赋值 0。循环处理的作用是把从列表中取出的值加到总和变量中。循环结束后，**total** 变量中求出的总和只需要显示一次，所以显示的代码是不用缩进的。

输入以下程序并执行（与 for2.py 不同的地方做了颜色区分）。

for3.py

```
scorelist = [64, 100, 78, 80, 72]
total = 0
for i in scorelist:
    total = total + i
print(total)
```

会逐个
加上去呢。

输出结果

```
394
```

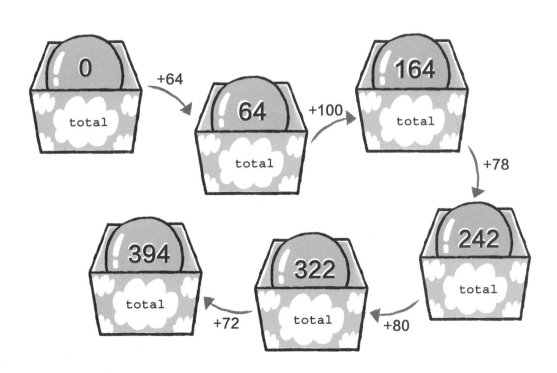

for 语句的嵌套

在 **for** 语句的循环处理部分，可以再加入 **for** 语句，实现在循环中循环的双重循环。这也称为"**for** 语句嵌套"。

格式：for 语句（嵌套）

```
for <计数变量 1> in range(< 次数 >):
    for <计数变量 2> in range(< 次数 >):
        < 循环处理 >
```

在 **for** 语句嵌套中，外层的 **for** 语句每进行一次计数，内层的 **for** 语句便一直循环到内层循环结束，以这种方式进行整体的循环。

作为示例，我们来编写将 0 ~ 9 的整数相乘的程序。

刚才的示例中只执行了被乘数为 5 的一组乘法。现在，对被乘数为 0 ~ 9 的每一组循环。

因为是在循环中循环，内层 **for** 语句中的循环处理需要缩进两次。

执行程序，显示所有组的乘法运算结果。

for4.py

```
for i in range(10):
    for j in range(10):
        print(j,"x",i,"=",j*i)
```

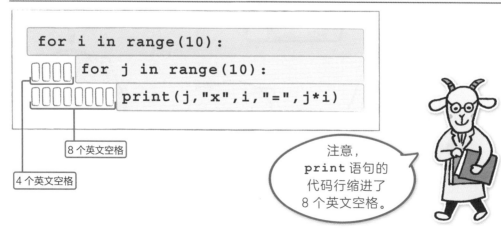

```
for i in range(10):
    for j in range(10):
        print(j,"x",i,"=",j*i)
```

8 个英文空格

4 个英文空格

注意，**print** 语句的代码行缩进了 8 个英文空格。

输出结果

```
0 x 0 = 0
1 x 0 = 0
2 x 0 = 0
3 x 0 = 0
4 x 0 = 0
（略）
6 x 9 = 54
7 x 9 = 63
8 x 9 = 72
9 x 9 = 81
```

哇，出现了一系列乘法运算。

第14课

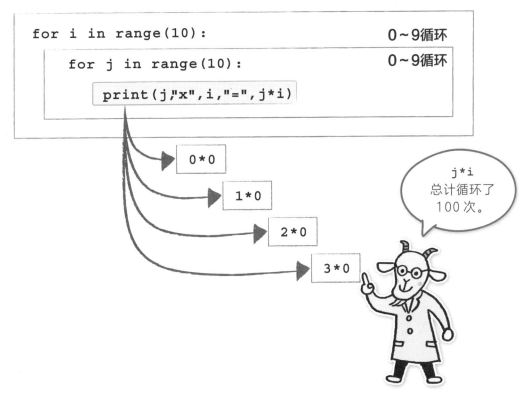

```
for i in range(10):              0~9循环
    for j in range(10):          0~9循环
        print(j,"x",i,"=",j*i)
```

0*0

1*0

2*0

3*0

j*i
总计循环了
100次。

当然，循环中循环也可以进一步嵌套循环。**for** 语句的嵌套可以像这样两重、三重甚至四重，不断嵌套。但要注意，循环的层数增多，处理耗时越长。

第 15 课

将操作命令汇总成一组

将进行某项操作的命令汇总起来，便形成了函数。这样用起来更简单，程序也更易懂。

迄今为止，我们编写的程序都是简单且短小的。而实际应用中编写的程序都是更长且更复杂的。

复杂的程序感觉很难呀。

有一种把复杂的程序简单化的办法，就是使用函数。

函数？

无论多么复杂的工作，只要整理和分析清楚，就能看清工作的阶段，明白"这是几项工作的组合"，或者"这只是在重复相同的工作"。这样就能把工作整体划分成各个阶段，方便理解。

嗯。长而复杂的程序是会让人畏难。如果能分成小块，那我也能够理解。

用函数汇总命令

将进行某项操作的命令的汇总写入代码块，就形成了函数。目前我们使用的 **print()** 和 **int()** 等，是 Python 一开始就为我们准备好的函数。现在，我们要自己创建函数。

可以自己创建各种函数哦。

编写函数首先要确定函数名称，用"**def <函数名称>()：**"指定。然后，指定"用函数进行处理"的部分。确定的函数名称要能够简洁明了地体现这个函数是干什么的。

"用函数进行处理"的部分作为一个整体，也和之前一样，通过缩进一层来创建代码块。

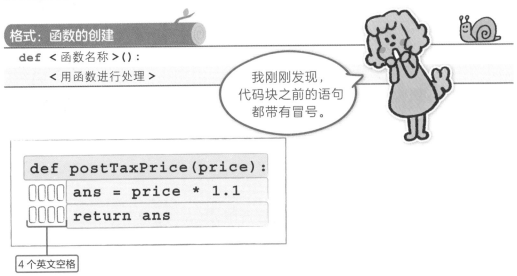

格式：函数的创建

```
def <函数名称>():
    <用函数进行处理>
```

我刚刚发现，代码块之前的语句都带有冒号。

```
def postTaxPrice(price):
    ans = price * 1.1
    return ans
```

4 个英文空格

函数的使用方法

使用函数时，用"< 函数名称 >()"调用并执行。用名称调用后会执行"用函数进行处理"部分的所有命令。

接下来编写一个显示"你好"的函数，然后调用 3 次。

def1.py

```
def sayhello():
    print(" 你好 ")


sayhello()
sayhello()
sayhello()
```

输出结果

```
你好
你好
你好
```

每次调用都会执行函数中的命令。

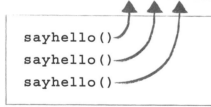

```
def sayhello():
    print("你好"):
```
创建函数

```
sayhello()
sayhello()
sayhello()
```
调用函数

 用参数把数据传递给函数

显示"你好"的函数，只要用函数名调用函数，就会显示"你好"，是一种完成既定工作的函数。但是，工作各不相同，大多数需要传递数据进行调整和处理，甚至要返回计算结果。

传递给函数的数据称为"参数"（parameter，也有书籍称为"自变量"）。经函数处理后，作为结果返回的值称为"返回值"。

格式: 函数的写法(包括参数和返回值)

```
def <函数名称>(<参数1>, <参数2>, ...):
    <用函数进行处理>
    return <返回值>
```

函数分很多种，如没有参数和返回值的函数、只有参数的函数、只有返回值的函数、既有参数又有返回值的函数等。

没有参数和返回值的函数

需要完成既定工作时

只有参数的函数

需要传递不同数据进行调整处理时

只有返回值的函数

需要了解处理过程中发生了哪些变化时

既有参数又有返回值的函数

传递数据进行计算时，或者想要知道执行结果时

第15课

编写计算增值税的程序

接下来编写一个传递商品本身的价格，计算增值税，得到含税金额的函数。这里使用既有参数又有返回值的函数。

当把商品的价格（**price**）作为自变量传递给函数时，在函数内部进行 10% 的增值税计算，然后将含税金额作为返回值返回。

编写函数时，指定"**def ＜函数名称＞()：**"，如增值税函数名称设为 **postTaxPrice**，则指定为 **def postTaxPrice(price)：**。编写函数后，使用"**postTaxPrice(＜商品原价＞)**"调用并执行。

def2.py

```
def postTaxPrice(price):
    ans = price * 1.1
    return ans

print(postTaxPrice(120)," 元 ")
print(postTaxPrice(128)," 元 ")
print(postTaxPrice(980)," 元 ")
```

计算好麻烦呀。

输出结果

```
132.0 元
140.8 元
1078.0 元
```

我们在这里编写了一个传递商品本身的价格，计算增值税，得到含税金额的函数。

我原以为计算增值税还要特地编写函数是一件很麻烦的事，但这么看来，只要把商品价格传递给函数就行了，很轻松呢。

把操作命令汇总写入函数，就可以轻松地多次调用并执行了。这是使用函数的优点之一。另一个优点是程序更好理解——这意味着能够减少程序中的错误。

只有参数和只有返回值的函数

那么，只有参数的函数和只有返回值的函数这两类该如何使用呢？

只有参数的函数适用于想要传递值然后调整处理的场合。这个调整处理，往往只需要显示结果，而不用返回。比如，如果只显示"你好"，可以使用没有参数和返回值的函数。但如果要带上用户的姓名并显示"你好"，就要用只有参数的函数。

def3.py

```python
def sayhello2(name):
    print("你好，"+name+"。")
sayhello2("双叶同学")
```

输出结果

```
你好，双叶同学。
```

只有返回值的函数适用于需要了解处理过程中发生了哪些变化时。这些变化不是由参数带来的，而是内部产生的。例如，之前的抽签程序可以改写为这类函数，将每次抽签随机得到的结果作为返回值显示。

def4.py

```python
import random
def fortune():
    fortunes = ["上上签", "上签", "中签", "下签"]
    return random.choice(fortunes)
result = fortune()
print("结果是"+result+"。")
```

输出结果

```
结果是上上签。
```

第16课

利用他人编写的程序

当读取他人编写的程序来使用时，要用 **import** 导入。

还有一种简化复杂程序的方法，那就是 import。

import？

将进行某项操作的命令汇总起来的是函数，而将进行某项操作的命令分到其他文件中，就要使用 import 了。

这是怎么回事？

实际使用函数时，只需要知道函数名称就行了，对不对？不需要看到函数中的具体内容。因此，函数常常会被分到其他文件中隐藏起来，以便我们专注于目前想要编写的程序。

原来如此。看得太多容易走神。

而且，分开编写程序的好处不仅如此。含有函数的程序，不是自己写的也没关系。如果已经有别人编写好的程序，直接利用它就可以了——只要用函数名称调用这个程序。

可以借用程序就轻松多啦。能多借我一点就好了。

用 import 读取程序

使用 **import** 能够读取写在其他文件中的函数等程序加以利用。用 **import** 读取的程序文件称为"模块"（module）。

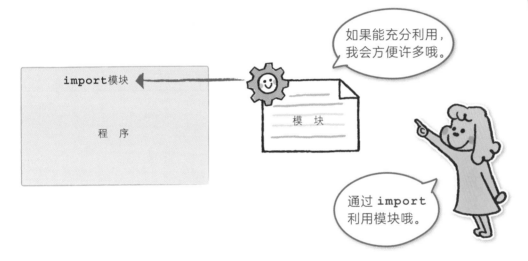

如果能充分利用，我会方便许多哦。

通过 **import** 利用模块哦。

格式：导入方法

```
import <模块名称>
```

导入后，模块中的函数需要指定带模块名称的函数"< 模块名称 >.< 函数名称 >"来调用。

格式：执行 import 导入的模块中的函数的方法

```
<模块名称>.<函数名称>
```

创建模块

我们把第 15 课中"编写计算增值税的程序"一节编写的计算含税金额的程序写入模块，从而分成 2 个文件。

在第 1 个文件中创建模块，在第 2 个文件中编写读取模块调用函数的程序。

① 创建模块

首先，在 IDLE 的"File"菜单中选择"New File"菜单项，创建第 1 个文件。在这个文件中写入计算增值税的函数部分，作为模块。以文件名 tax.py 保存。

tax.py

```
def postTaxPrice(price):
    ans = price * 1.1
    return ans
```

注 意

模块的保存位置

文件被分为多个，这意味着各个文件保存在哪里变得很重要。2 个文件放入不同的文件夹，可能导致导入时查找不到文件，进而出错。

像这个简单的例子，一起放入相同的文件夹就可以了，结构简单明了。

随着规模变大，程序要分开放入不同文件夹管理。用 **import** 导入并调用函数时，需要指定包含文件夹的名称。

② 编写读取模块、调用函数的程序

紧接着，再次在 IDLE 的 "File" 菜单中选择 "New File" 菜单项，创建第 2 个文件。

在第 2 个文件中，指定刚才的模块名称（文件名中 .py 之前的部分），通过 **import** 读取。

调用的函数用 "<模块名称>.<函数名称>" 指定。因为是模块 **tax** 中的 **postTaxPrice** 函数，所以指定为 **tax.postTaxPrice**。

import1.py

```
import tax
```
在步骤①中创建的模块
```
print(tax.postTaxPrice(120)," 元 ")
print(tax.postTaxPrice(128)," 元 ")
print(tax.postTaxPrice(980)," 元 ")
```

输出结果

```
132.0 元
140.8 元
1078.0 元
```

虽然分成了两个文件,但成功执行了!

因为通过import读取了模块,所以会连起来一同运行。

虽然函数名称有点长,但不会在多余的部分上分心,感觉很轻松。

这也是模块的优点。

用 import 导入 Python 预设的模块

Python 为我们准备了许多预设的标准模块。

包括用于数值运算的 **math** 和 **random**，用于处理日期和时间的 **datetime**、**time** 和 **calendar**，用于读取和处理数据文件的 **csv** 和 **json**，还有用于图形界面生成的 **tkinter** 等，应有尽有。

这些在 Python 环境中已经为我们准备好了，所以只要用 **import** 指定导入的模块就能使用。

第 2 章的抽签程序用到了标准模块。每次生成的结果不确定的数称为"随机数"（random）。抽签程序使用了 **random** 模块的 **random.choice** 函数，它的作用是从列表中随机选取一个元素。

fortune.py（第 2 章样例）

```python
import random
fortunes = ["上上签", "上签", "中签", "下签"]
print(random.choice(fortunes))
```

又是抽签程序呀！

在此之前我们一直没有对第 3 行的内容进行说明。现在来看，实际上它使用了第 1 行导入的 random 模块中的 choice() 函数，作用是从列表中随机选取一个元素。

到这里，抽签程序之谜就全部解开啦！

备忘录

省略模块名称（其一）: as

如果使用"**import <模块名称>**"导入，则每次调用函数时都要指定"**<模块名称>.<函数名称>**"。如果在程序中多次使用这个函数，想必冗长的模块名称会降低程序代码的可读性。

此时，可以通过"**import <模块名称> as <省略名称>**"省略模块名称。这个方法会在第 4 章和第 5 章用到。

省略模块名称（其二）: from

即使按照以上的办法，调用函数时仍然要指定"**<省略名称>.<函数名称>**"。但也有不用指定模块名称或省略名称，直接写出函数名称就能调用的方法。

具体写法是"**from <模块名称> import ***"。

第 2 章的海龟绘图程序中使用了这个办法。本来，导入 **turtle** 模块后，应该把函数写作 **turtle.shape("turtle")** 这种形式。但通过 **from turtle import ***，就能写作省略形式 **shape("turtle")**。

但是要注意：在简单程序中使用这种省略方法很方便，但随着程序变复杂，贸然用这种方法导入可能会导致模块中的函数和其他函数发生冲突，以致出错。使用方便和有出错风险，使得 **from** 导入成为一把双刃剑，使用时要多加小心。

本书源代码文件中的 import2.py 使用了 **from** 导入的方法，供读者参考。

第
16
课

处理时间的模块

Python 标准模块中有几个处理时间的模块。其中，**datetime** 能够处理时间和日期，**calendar** 能够进行日历相关的处理和显示。

那么，我们来使用 calendar 模块显示 2022 年 12 月的日历。导入 calendar 模块，指定想要查询的年份和月份。

december.py

```
import calendar              用 import 导入 calendar
print(calendar.month(2022,12))   显示 2022 年 12 月的日历
```

输出结果

```
    December 2022
Mo Tu We Th Fr Sa Su
          1  2  3  4
 5  6  7  8  9 10 11
12 13 14 15 16 17 18
19 20 21 22 23 24 25
26 27 28 29 30 31
```

2022 年最后一天是星期六呢！

这个程序通过读取模块 calendar 来执行，保存时记得命名为 "calendar.py" 以外的文件名。

第 4 章
学习编写应用程序

嗯！我们来挑战一些简单的应用程序编写。

博士！我想试一试编写应用程序。

终于要编写应用程序了。

把控件组合起来，编写界面。

把抽签程序编写为应用程序

tkinter

tkinter 要用模块导入哦！

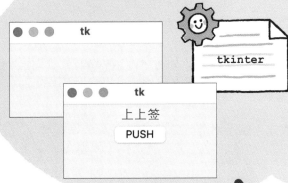

上上签

PUSH

读取图像并处理

打开文件

处理成单色或马赛克图像！

第17课

编写可操作的应用程序

使用图形用户界面（graphical user interface，GUI）工具包模块，编写能够操作的应用程序。

那，我们来编写应用程序吧。这和之前学到的都不一样，要编写可操作的带有图形界面的应用程序哦。

这样啊。之前的程序都是结果出来就结束了。我总觉得和平常见过的应用程序不一样，原来是编写方法不同啊。

我们通过排列控件来编写应用程序的界面。

哇，变得有趣起来了。

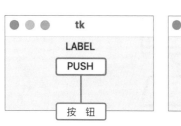

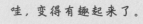

这就是只要点击按钮就会问候的程序哦。

编写问候应用程序

在 Python 中，使用 **tkinter** 标准库编写可以操作的界面。**tkinter** 属于 GUI 工具包，是一种能够通过在窗口上排列按钮或标签生成可操作界面的程序。我们先尝试编写只显示标签和按钮的应用程序。

app1.py

```
import tkinter as tk            ············· 导入 tkinter 模块并省略为 tk

root = tk.Tk()                  ················· 创建界面
root.geometry("200x100")        ····· 确定界面的大小（乘号用小写英文字母 "x" 表示）

lbl = tk.Label(text="LABEL")    ··· 创建标签
btn = tk.Button(text="PUSH")    ··· 创建按钮

lbl.pack()                      ················· 在界面中布置标签
btn.pack()                      ················· 在界面中布置按钮
tk.mainloop()                   ················· 显示创建的窗口
```

新建文件，输入以上代码并保存，然后按照之前学过的内容，在"Run"菜单中选择"Run Module"菜单项执行。

输出结果

Windows 版画面

macOS 版画面

哎呀呀……点击按钮以后没有任何反应呀。

那当然啦。现在只是排列了控件而已，点击按钮后要做什么，还没教给它呢。

是吗？就像小孩子一样，要教给它才可以！

点击按钮执行功能

我们来改造应用程序，确保点击按钮时标签处显示"你好"。

追加打招呼功能的函数，然后修改代码，确保点击按钮时能够调用这个函数。

改动后执行程序，会看到点击按钮时显示"你好"。

app2.py

```
import tkinter as tk

def dispLabel():                              ············· 追加函数
    lbl.configure(text=" 你好 ")        ····· 将标签中的文字改为"你好"

root = tk.Tk()
root.geometry("200x100")        ┐ ············ 创建界面

lbl = tk.Label(text="LABEL")
btn = tk.Button(text="PUSH", command = dispLabel)      ···········
                                      修改为点击按钮调用函数

lbl.pack()        ························· 在界面中布置标签
btn.pack()        ························· 在界面中布置按钮
tk.mainloop()     ························· 显示创建的窗口
```

* "200x100" 使用数字和英文字母 "x" 编写。

输出结果

完成啦！点击按钮，对我说"你好"了呢。

这样，按钮就和程序连接上了。

tkinter 的用法

 我们来看看现在编写的程序是什么结构。开头2行，先用 tk.Tk() 创建界面的基础——窗口，确定窗口的大小，再在上面排列控件。

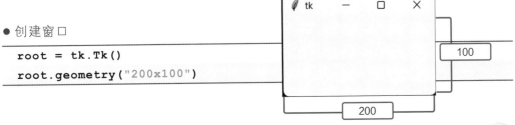

● 创建窗口

```
root = tk.Tk()
root.geometry("200x100")
```

也就是说，改变数字就能把窗口加大？

是呀。要排列许多控件的话，就不得不把窗口加大了。接下来是创建标签和按钮。

● 创建标签和按钮

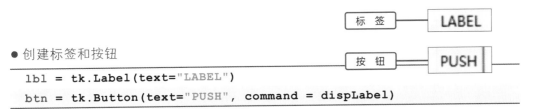

```
lbl = tk.Label(text="LABEL")
btn = tk.Button(text="PUSH", command = dispLabel)
```

标签和按钮完成了。这样界面就做好了吧。

没有啊，这只是创建了控件。要把这些控件布置到界面中才能显示哦。看接下来的代码。

109

● 控件的布置

```
lbl.pack()
btn.pack()
```

标签的布置

按钮的布置

按照执行 pack() 函数的顺序，从上往下布置哦。

呀，会根据函数执行的顺序而改变呢。

● 主循环

```
tk.mainloop()
```

最后是 mainloop()。编写好的界面通过这个命令开始启动。

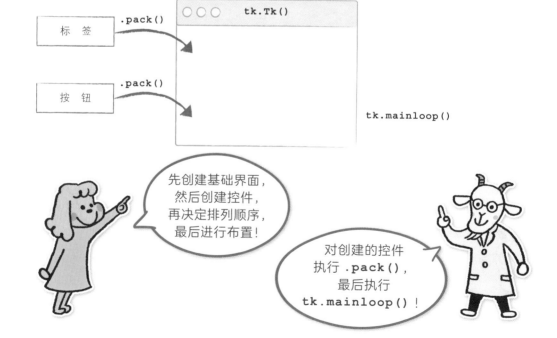

标签 .pack()

按钮 .pack()

tk.Tk()

tk.mainloop()

先创建基础界面，然后创建控件，再决定排列顺序，最后进行布置！

对创建的控件执行 .pack()，最后执行 tk.mainloop()！

点击按钮调用函数

那么，在程序中实现点击按钮调用函数的地方在哪儿，你知道了吗？

创建按钮的代码里有个 command……是这个吗？

```
btn = tk.Button(text="PUSH", command = dispLabel)
```

是的。就是 command = dispLabel 的部分。它的意思是"一旦按钮被点击，就执行函数 dispLabel"。

后面的是函数呀。

在创建按钮的这一行代码中，写太多执行的命令就不易读了，对不对？

确实，这一行里写太多东西会乱糟糟的，读起来不方便呢。

所以，就把要做的事情汇总到函数里，在创建按钮的时候指定函数名称就可以了。这个函数是 dispLabel，我们来看看它的内容吧。

```
def dispLabel():
    lbl.configure(text=" 你好 ")
```

这个函数实现的功能就是把标签的文字改为"你好"。如果在点击按钮时想做其他事情，在函数中做修改就可以了。顺便提一下，configure 有"修改"、"配置"的意思。

原来如此。

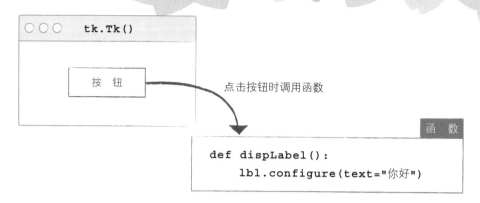

点击按钮时调用函数

函 数

```
def dispLabel():
        lbl.configure(text="你好")
```

 ## 编写抽签应用程序

这一次，我们修改现在的程序，把它改造为抽签应用程序。

我们在第 2 章编写过抽签程序，可以参考它来修改。

首先，为了调用 **random** 模块的功能，要在开头加上 **import** 语句。然后，修改 **dispLabel()** 函数，以显示抽签结果。

只要修改很少的地方，就能改为抽签应用程序。

fortuneApp.py

```
import tkinter as tk
import random ································ 添加 import 语句以使用随机数模块

def dispLabel():
    fortunes = ["上上签", "上签", "中签", "下签"] ··· 准备抽签列表
    lbl.configure(text=random.choice(fortunes)) ··· 随机选取一个并展示

root = tk.Tk() ·························· 从这一行开始与之前的程序一样
······略······
```

只改了 3 行。

输出结果

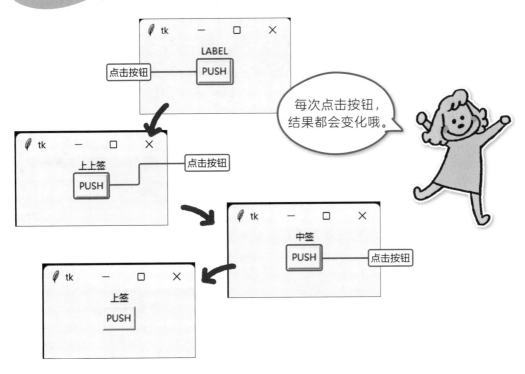

每次点击按钮，结果都会变化哦。

就是这么回事儿。很快就能修改程序中的内容，改造为抽签应用程序哦。

抽签再次登场！不过这次，点击按钮就会给我占卜，仿佛是自己在抽签一样。

用 GUI 编写，就成了简单易懂的应用程序啦。

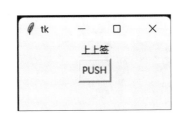

第17课

第18课

读取图像文件

有些功能无法用标准库来实现，这时就需要追加外部库了。来尝试安装外部库吧。

这一次，我们尝试编写一个显示用户持有的图像文件的应用程序吧。

渐渐变得有点应用程序的样子了呢。

调出打开文件对话框，让用户选择图像文件，把它显示在应用程序上。

嗯，好像很难……

有应对这些情况的库。其中，标准库能够提供调出打开文件对话框的功能，但是没有处理图像数据的功能。注意，我们要安装外部库了。

什么！只要有各种库，什么都能实现呀……

库

只要点击按钮，就会显示选择图像的对话框哦。

安装库

Python 标准库中的 **`tkinter.filedialog`** 模块提供了显示打开文件对话框的功能。

但是，标准库没有处理图像数据的功能。这时，我们要利用外部库来实现这些功能。在 Python 中处理图像数据的常用库是 **`pillow`**，我们来安装它。

绝大多数外部库收录于 Python 官方建立的网站"PyPI"（Python package index），在这里可以浏览和查询成千上万个不同功能的外部库。

Python 官方外部库网站：https://pypi.org/。

有各种各样的程序呢。

我涉足的范围很广哦。

第18课

115

在 Python 中，通过运行 **pip** 程序安装外部库。这个程序只有命令行界面。因此，在 Windows 中，需要打开命令提示符（在 Windows 11 中可以使用"终端"），输入 Python 快速启动命令 **py -m pip** 并运行；在 macOS 中，需要打开终端，输入命令 **python3 -m pip** 并运行。

格式：安装外部库

```
py -m pip install <外部库名称>
(macOS: python3 -m pip install <外部库名称>)
```

格式：卸载外部库

```
py -m pip uninstall <外部库名称>
(macOS: python3 -m pip uninstall <外部库名称>)
```

格式：列出已安装外部库

```
py -m pip list
(macOS: python3 -m pip list)
```

处理图像文件需要使用的库是 pillow，我们接下来安装它。

它以前的名字是"PIL"，是"Python Imaging Library"的首字母缩写。

pip 命 令

pip 使 Python 在各方面都变得很方便了。

Windows 系统的安装方法

在 Windows 系统安装 Python 外部库要用命令提示符。

① 启动命令提示符

用户可以直接点击"开始"菜单中的"命令提示符"并运行，也可以按以下步骤操作：❶ 点击任务栏的"搜索"按钮或搜索栏，❷ 输入"cmd"，❸ 选择出现的"命令提示符"选项，启动命令提示符。

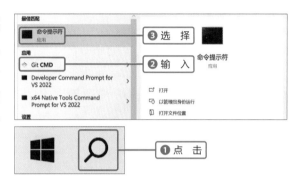

② 安 装

❶ 用 **pip** 命令进行安装。安装程序会从网上下载 Python 库文件，但需要一些时间。

```
py -m pip install pillow
```

注意

标 题

为了加快下载速度，可以使用国内外的 PyPI 镜像服务。用户如果遇到安装和下载困难等情况，可以通过 **pip** 命令修改镜像来加速（注意：这些镜像网址随时会变动，修改之前最好阅读各个镜像网站上的说明）。

清华大学 TUNA 镜像：

```
py -m pip config set global.index-url https://pypi.tuna.tsinghua.edu.cn/simple
```

南京大学镜像：

```
py -m pip config set global.index-url https://mirror.nju.edu.cn/pypi/web/simple
```

阿里云镜像：

```
py -m pip config set global.index-url http://mirrors.aliyun.com/pypi/simple
```

macOS 系统的安装方法

在 macOS 系统安装 Python 外部库要用终端。

① 启动终端

打开 Finder，在"应用程序"文件夹中打开"实用工具"子文件夹。❶ 双击其中的"终端.app"应用程序，启动终端。

② 安 装

❶ 用 **pip** 命令进行安装。安装程序会从网上下载 Python 库文件，但需要一些时间。

```
python3 -m pip install pillow
```

编写图像显示应用程序

现在，Python 环境已经具备了处理图像的能力，可以编写应用程序了。

这个程序需要调用 4 个模块，分别是显示窗口的 **tkinter**、调用打开文件对话框的 **tkinter.filedialog**、处理图像的 **PIL.Image** 和让图像显示在用 **tkinter** 编写的界面上的 **PIL.ImageTk**。

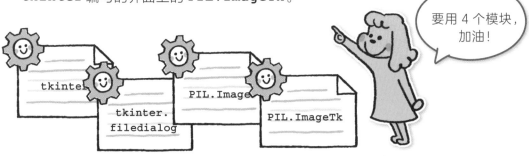

要用 4 个模块，加油！

dispImage.py

```
import tkinter as tk                          显示窗口的模块
import tkinter.filedialog as fd               调用打开文件对话框的模块
import PIL.Image                              处理图像的模块
import PIL.ImageTk                            让图像显示在 tkinter 编写的界面上的模块


def dispPhoto(path):                          显示图像文件的函数
    # 读取图像
    newImage = PIL.Image.open(path).resize((300,300))    读取图像
    # 将图像用标签控件显示
    imageData = PIL.ImageTk.PhotoImage(newImage)
    imageLabel.configure(image = imageData)              将图像用标签
    imageLabel.image = imageData                         控件显示


def openFile():                               用于打开文件对话框的函数
    fpath = fd.askopenfilename()              打开文件对话框后，获取选择的文件名
    if fpath:                                 如果选择的文件名存在
        dispPhoto(fpath)                      用选择的文件名调用显示图像的函数


root = tk.Tk()
root.geometry("400x350")                      创建界面


btn = tk.Button(text=" 打开文件 ", command = openFile)
                                    设定点击按钮时调用的函数

imageLabel = tk.Label()            创建在界面中显示的标签
btn.pack()                         在界面中布置按钮
imageLabel.pack()                  在界面中布置标签
tk.mainloop()                      显示创建的窗口
```

看看我们活跃的样子吧。

虽然有点复杂，但每一行都不难理解。

tkinter　PIL.Image　tkinter.filedialog　PIL.ImageTk

119

　　尝试执行图像显示应用程序。方便起见，把要显示的图片和应用程序的文件 displmage.py 放入同一个文件夹。❶ 点击"打开文件"按钮。❷ 出现"打开"对话框。❸ 选择要显示的图像文件。❹ 点击"打开"按钮。❺ 图像显示在应用程序的界面中。

※ 图像文件的格式为 jpg 或 png 等。用户可以准备自己喜爱的图片，也可以从本书源代码文件中找到样例图片，文件名为"car.jpg"。

输出结果

点击"打开"按钮，图像立刻就出来了！

因为会根据应用程序的界面大小自动调整，所以大的照片也能显示哦。

不过，代码变长了不少。

另外，为了方便阅读，代码里还加了少量的注释。

注释？

注释是面向人类的说明文字，可提升程序的可读性。计算机会忽略注释部分的内容，所以对处理没有影响。在一行开头加上 #，那一行就成了注释。

哇。那如果多写一些注释，就变得容易懂了呀。

但是，如果全都是注释，重要的程序就被淹没了。技巧在于简明扼要地解释程序的意思，有点像为程序取个通俗易懂的"标题"。

格式：注释的写法

\# 在开头加上 # 后，书写注释

```
root = tk.Tk()  # 如果在行间写注释，则注释从 # 号开始，直到换行
```

这里也是注释

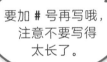

要加 # 号再写哦，注意不要写得太长了。

第 18 课

备忘录

多行注释

除了使用 # 号写单行注释，Python 还支持写多行注释。多行注释前后用一对 ''' （三个单引号）或 """ （三个双引号）包裹起来。注意，和字符串一样，前后要使用相同的引号。

多行注释在 Python 中也叫"文档字符串"（docstring），通常写在函数的代码块上方，用于解释函数的功能和用法。

多行注释的写法

```
"""
这一行是注释
这一行也是注释
"""
```

121

第 19 课

图像显示应用程序

我们来仔细看看刚才编写的图像显示应用程序的内容。

 ## 程序整体结构

图像显示应用程序中有 2 个函数。通过点击按钮，依次调用这 2 个函数，最终显示图像。

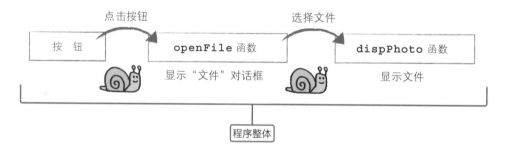

| 按　钮 | 点击按钮 → | openFile 函数 | 选择文件 → | dispPhoto 函数 |

 ## 模块导入

我们看看刚才编写的应用程序是用什么结构实现的。先看第 1 ~ 4 行，这个应用程序使用了 4 个模块，所以有 4 个 import 语句。

dispImage（第 1 ~ 4 行）

```
import tkinter as tk
import import tkinter.filedialog as fd
import PIL.Image
import PIL.ImageTk
```

有 4 位朋友哦。

模块

开始的两行好像包括了 as 之类的命令。

这是因为 tkinter 和 tkinter.filedialog 两个模块要么太长，要么在代码中多次出现，所以分别替换为省略形式 tk 和 fd。剩下的两个模块都只用了一次，没必要替换，就维持原样了。

创建界面的部分

第 19 ~ 26 行是创建应用程序界面的部分。准备好窗口，创建并布置"打开文件"按钮。点击按钮后，运行打开文件对话框的函数（openFile）。

就是 command = openFile 部分吧。

没错。接着还要创建显示图像的标签（imageLabel）。tkinter 库作为 GUI 工具包，支持在标签中显示图像。然后，在窗口上布置按钮和标签，执行 mainloop。

dispImage（第 19 ~ 26 行）

```
root = tk.Tk()
root.geometry("400x350")

btn = tk.Button(text=" 打开文件 ", command = openFile)
imageLabel = tk.Label()
btn.pack()
imageLabel.pack()
tk.mainloop()
```

因为按照 btn、imageLabel 的顺序执行 pack 命令，
所以是按照按钮和图像标签从上到下的顺序布置的。

没错！

 ## 打开文件的 openFile() 函数

第 14 ~ 17 行是显示打开文件对话框的函数（openFile）。

dispImage（第 14 ~ 17 行）

```
def openFile():
    fpath = fd.askopenfilename()
    if fpath:
        dispPhoto(fpath)
```

fd.askopenfilename() 是调出打开文件对话框的函数。
在打开文件对话框打开之前，程序处于在这一行暂停执
行的状态。

暂停吗？

在用户选择文件的时候会暂停。用户选好文件后会点击
"打开"按钮，当然也可能点击"取消"按钮。这时，
选择的文件名会赋给 fpath 变量，然后进入下一行。

这样就知道了用户选择的文件名。但点击"取消"按钮
会怎样？

此时，fpath 变量的值为空（None）。也就是说，如
果值为空，就知道没有选择文件。

还能赋空值啊。

然后，下一行的 `if fpath:` 会查询是否有文件名。如果有文件名赋给了变量，则执行打开图像的 `dispPhoto(fpath)`，否则就什么都不做。

是这样。原来想着要选，但还是取消了，也会有这样的情况呢。

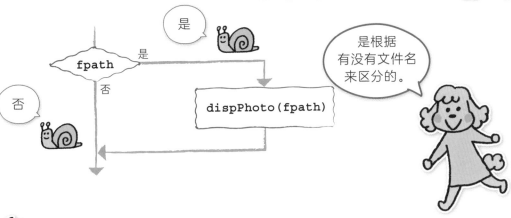

是根据有没有文件名来区分的。

显示图像的 `dispPhoto()` 函数

第 16 ~ 12 行是显示图像的函数。先打开图像文件，将尺寸调整为 300×300（像素）。然后转换为能够在标签控件中显示的数据，最后在标签中显示。

dispImage（第 6 ~ 12 行）

```
def dispPhoto(path):
    # 读取图像
    newImage = PIL.Image.open(path).resize((300,300))
    # 将图像用标签控件显示
    imageData = PIL.ImageTk.PhotoImage(newImage)
    imageLabel.configure(image = imageData)
    imageLabel.image = imageData
```

125

小 结

 好了,整个程序的运行机制明白了吗?

诶?博士,您刚才是按照"创建界面的部分"→"打开文件的函数"→"显示图像的函数"顺序讲解的,但编写程序却是按照相反的顺序,这是为什么呢?

 你观察得很仔细。这是因为程序是从上往下执行的。

啊……从上往下按顺序执行是理所应当的吧,从下往上执行就奇怪了。

 是的。所以,被调用的函数需要写在调用它的函数上方。

这也有顺序吗?

 是啊。想要调用函数时,如果那个函数还没编写,计算机就不知道该怎么做了。

啊,是的呢。

 所以,如果要在创建按钮的位置写 command = openFile, openFile 函数就必须写在它之上;如果要在 openFile 函数中调用 dispPhoto(fpath), dispPhoto 函数就必须写在 openFile 函数之上。

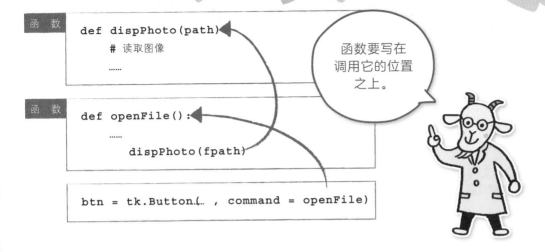

函数
```
def dispPhoto(path)
    # 读取图像
    ......
```

函数
```
def openFile():
    ......
        dispPhoto(fpath)
```

```
btn = tk.Button(.. , command = openFile)
```

函数要写在调用它的位置之上。

第19课

原来如此。但是有点复杂啊。

一句话概括，就是函数要写在调用它的位置之上。

从上往下依次执行，我有点忽视它了，这是有道理的。

127

第20课

改造应用程序

我们来改造显示图像的应用程序，尝试编写处理图像后显示的应用程序。

接下来编写处理图像后显示的应用程序。

啊，又要编写冗长的程序吗？

不不不，刚才编写了显示图像的应用程序，只要把它稍加修改，就能变成新程序了。

真的吗？不费事吗？

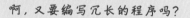

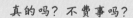

添加处理图像的功能哦。

改造 1：转换为单色图像

接下来尝试改造图像显示应用程序，让图像以单色显示。

打开文件的处理和应用程序界面等基础部分维持不变，修改生成图像数据的第 8 行就可以了。通过 `.convert("L")` 把彩色图像转换为灰度（单色）图像。

dispImageGray.py

```python
……省略……
def dispPhoto(path):
    # 读取图像并转换为单色
    newImage = PIL.Image.open(path).convert("L").resize((300,300))
……省略……
```

输出结果

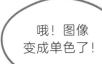 哦！图像变成单色了！

哎呀呀！真的只要修改1行，好厉害！这1行代码到底做了什么呢？

 看起来是1行，实际上执行了3个函数，写成 "<函数名称>()" 形式并连了起来。看明白了吗？

在1行之内执行了3个命令。

先通过 path 打开指定的图像文件（open），然后把图像转为灰度（convert），接着转换为 300×300（像素）的尺寸（resize），3个函数依次执行。

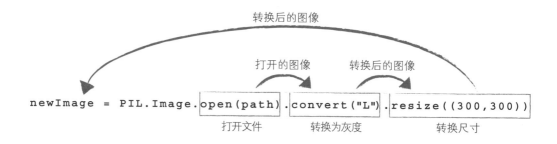

转换后的图像

打开的图像　　　转换后的图像

```
newImage = PIL.Image.open(path).convert("L").resize((300,300))
```
打开文件　　　　转换为灰度　　　　转换尺寸

改造 2：转换为马赛克图像

我们进一步改造，以单色马赛克呈现图像。

这个功能也只需要修改生成图像数据的第 8 行。

把图像转换为灰度后，先缩小分辨率，再放大，就能转换成马赛克图像。图像放大时一般会进行柔和或虚化处理，为了不虚化图像，使其呈现格子状，需要指定 **resample=0**。

dispImageMosaic.py

……省略……

```
def dispPhoto(path):
    # 读取图像并转换为单色
    newImage = PIL.Image.open(path).convert("L").resize((32,32)).
        resize((300,300)),resample=0)
```
……省略……

输出结果

这次变成
马赛克图像了。

这次也只改了 1 行代码。只要关注"＜函数名称＞()"
就可以了吧。咦？没有发现马赛克处理函数呀。

这里用了一点小技巧。开始的步骤是一样的，通过
path 打开指定的图像文件（open），然后把图像转
为灰度（convert），对吧。

这和刚才是一样的呀。

先转换为 32×32（像素）的小尺寸（resize），
再转换为 300×300（像素）的大尺寸。

嗯嗯。为什么要进行这么奇怪的操作呢？

这就是有趣的技巧啦。通过把图像缩小，减小信息量。
图像尺寸比较大的时候，图案是平滑过渡的，缩小时
就会变得粗糙，呈现格子状。

嗯嗯。

重新放大时，通过一些设置让它不自动平滑而产生虚化，就形成了马赛克图像。就是这样的机制。

即使没有马赛克处理函数，也能产生马赛克效果，有意思。

虽然命令有少许不同，但其中隐藏着丰富的知识哦。

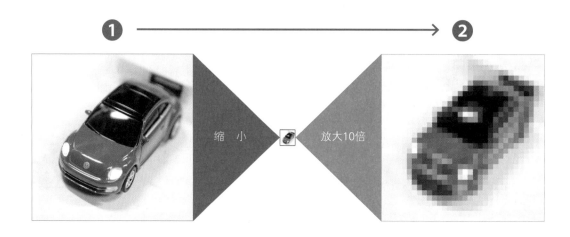

缩　小　　放大10倍

第5章
和人工智能一起玩耍

来编写简单的人工智能程序"小智"吧！

用 Python 编写人工智能程序吗？

scikit-learn 是编写人工智能程序时常用的非常方便的框架。

通过让计算机学习思考方式的有监督学习，事先分析图像数据。

手写数字

列表化

```
[ 0.  0.  5. 13.  9.  1.  0.  0. ]
[ 0.  0. 13. 15. 10. 15.  5.  0. ]
[ 0.  3. 15.  2.  0. 11.  8.  0. ]
[ 0.  4. 12.  0.  0.  8.  8.  0. ]
[ 0.  5.  8.  0.  0.  9.  8.  0. ]
[ 0.  4. 11.  0.  1. 12.  7.  0. ]
[ 0.  2. 14.  5. 10. 12.  0.  0. ]
[ 0.  0.  6. 13. 10.  0.  0.  0. ]
```

识别 0

这个图像是"0"。

第 21 课

人工智能是什么？

迄今为止，我们学习了 Python 语言、应用程序的编写方法和库的调用。这一章，我们将综合使用以上知识，尝试编写人工智能程序"小智"。

不过，博士，虽然我说想要编写人工智能程序，但它究竟是什么呢？

哈哈。为了这个目标，我们一步一步学习到现在了。做好心理准备了吗？终于要编写人工智能哦。

哇，博士您一直记得呢！我好紧张。因为是人工智能程序，我打算给它起名"小智"。

人工智能程序有很多种，我们这次尝试编写识别手写数字的人工智能程序吧。

诶？它能准确读出我手写的数字吗？

当然！要是它能理解你的字，你会很开心吧。

呀！"小智"好可爱！看，人工智能果然挺可爱的。

认识人工智能

不过，双叶同学说想要编写人工智能程序，那你觉得人工智能是什么样的？

非常聪明！它能说话，问它我不知道的事情，它都会告诉我。它在国际象棋、围棋等运动中赢过人类，还能从监控录像中识别出犯人等。

你知道得很详细嘛。那么，你知道它是从什么方式实现的吗？

这……应该是……比人工智能还要聪明的人想出来的吧！

哈哈。确实是聪明的人长时间不断思考出来的，从 20 世纪 50 年代开始，也就是六十多年前就开始研究了。

从那么早之前就开始了吗？

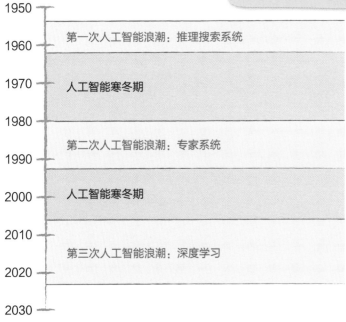

1950	
1960	第一次人工智能浪潮：推理搜索系统
1970	人工智能寒冬期
1980	
1990	第二次人工智能浪潮：专家系统
2000	人工智能寒冬期
2010	第三次人工智能浪潮：深度学习
2020	
2030	

人工智能有着悠久的历史哦。

● 第一次人工智能浪潮：推理搜索系统

最初的人工智能有着很强的计算能力，能解开迷宫和拼图。但是，因为缺乏"知识"，无法回答人类的各种提问。

感觉是一种十分聪明的计算机。

● 第二次人工智能浪潮：专家系统

这个阶段，人们想到如果把专家（expert）的知识输入计算机，就能回答各种提问。这就是"专家系统"。比如，通过输入患者的症状来告知疾病名称的系统等。

这不是很厉害了嘛。

但是问题来了。因为是用已经储备的知识去查询，对于没有储备知识的提问就无法回答了。想要准确回答不同人的提问，开发者必须准备庞大的知识库，这很困难。

因为要先把知识教给人工智能，确实很辛苦呢。

● 第三次人工智能浪潮：深度学习

因为上述原因，人工智能的研究出现了短暂的停滞。不过，最近再次复兴了。

太好了！可是，为什么会复兴呢？

因为机器学习的方法发展了，其中尤为重要的是深度学习。

机器学习？

专家系统依赖人类提供给它知识。但是，机器学习只需要提供大量的数据，计算机就会自己学习。人类就不需要准备知识了。

计算机会自行学习吗？这么聪明。

学习需要大量的数据。不过多亏了互联网的存在，使得提供大量数据这件事变简单了。

多亏了互联网？

比如，想要让计算机回答"猫长什么样子"，就需要准备大量猫的图像。但是，现在可以通过互联网来收集海量猫的图像。

只要检索一下就会出现许多图像呢。

因为收集数据变得简单了，提供大量数据不再是难题，高精度人工智能随之诞生。也就是说，实用人工智能的实现变得容易了。

这也就是它们现在受欢迎的原因吧。

人工智能也是有发展历史的哦。

第
21
课

第 22 课

编写人工智能程序的准备

本节课，我们安装编写人工智能程序所需的各种 Python 库。

 ## 人工智能学习准备

人工智能也需要通过添加程序库来编写和执行，因此需要准备一些重要的库。人工智能的库有很多，本书使用最简便的 **scikit-learn**（**sklearn**）。**scikit-learn** 是用于机器学习的库。另外，科学计算库 **scipy**、数值计算库 **numpy**、图表绘制库 **matplotlib** 等也要一起安装。

● **scikit-learn**: 机器学习库

包含一些通过大量训练数据进行学习，查看指定图像预测答案的框架。

网址：https://scikit-learn.org/stable/。

● **scipy**: 科学计算库

包含一些通过 **scikit-learn** 进行计算时使用的科学计算函数。

网址：https://www.scipy.org/。

● **numpy**: 数值计算库

包含各种数值计算处理，是 **scikit-learn** 和 **scipy** 等库依赖的基础库。我们将图像数据转换为数值列表时会用到。

网址：https://www.numpy.org/。

出现了方便使用的同伴哦。

● matplotlib：图表绘制库 **matplotlib**

包含将数据绘制成各种图表的函数。我们将数值列表显示为图像时会用到。

网址：https://matplotlib.org/。

 # Windows 系统中库的安装方法

在 Windows 系统中安装库会用到命令提示符。

按照之前介绍过的方法启动命令提示符。

在 Windows 中，使用 Python 启动器程序（**py**），输入以下命令安装 **numpy**、**scipy**、**scikit-learn** 和 **matplotlib**。

```
py -m pip install numpy
py -m pip install scipy
py -m pip install scikit-learn
py -m pip install matplotlib
```

命令提示符

```
C:\Users\Louis>py -m pip install numpy
```

命令提示符

```
C:\Users\Louis>py -m pip install scipy
```

命令提示符

```
C:\Users\Louis>py -m pip install matplotlib
```

```
C:\Users\Louis>py -m pip install scikit-learn
```

命令提示符

至此，在 Windows 系统中编写人工智能程序的 **scikit-learn** 库便准备好了。

macOS 系统中库的安装方法

在 macOS 系统中安装库会用到终端。

按照之前介绍过的方法启动终端。

在 macOS 系统中，输入以下命令安装 **numpy**、**scipy**、**scikit-learn** 和 **matplotlib**。

```
python3 -m pip install numpy
python3 -m pip install scipy
python3 -m pip install scikit-learn
python3 -m pip install matplotlib
```

终端 — -tcsh — 80×24
```
[192:~] louis-mac% python3 -m pip install numpy
```

终端 — -tcsh — 80×24
```
[192:~] louis-mac% python3 -m pip install scipy
```

终端 — -tcsh — 80×24
```
[192:~] louis-mac% python3 -m pip install scikit-learn
```

终端 — -tcsh — 80×24
```
[192:~] louis-mac% python3 -m pip install matplotlib
```

至此，在macOS 系统中编写人工智能程序的**scikit-learn**库便准备好了。

库安装完成了。

准备好了以后，就可以挑战机器学习了。

挑战机器学习

现在，让我们挑战机器学习吧。先了解一下机器学习是什么。

那么，做好了准备就可以来挑战机器学习了！机器学习的原理是传递大量数据给计算机，让它学习，方法大致分为三种。

方法竟然有三种吗？

我的名字叫"小智"，请多多关照哦。

 ## 什么是机器学习？

　　机器学习，不是通过人类教会知识，而是为计算机提供大量数据，让计算机自行学习。

　　学习方法主要分为三种。

● 有监督学习

先说有监督学习。在传递数据的同时，也传递这个数据是什么的配对信息给计算机。计算机查看大量配对的问题和答案以后，通过学习特征，能够判断什么样的问题对应什么样的答案。

但是，为什么这个称作"有监督学习"呢？

包含答案的数据称为"监督数据"，起到代替老师或专家"监督"计算机学习的作用。这种学习方法是学习数据的特征，所以即便是第一次提供的数据，它看了特征就明白那是什么。

原来是看了特征后回答我"这是什么"啊。

所以，我们接下来计划编写的识别手写数字的人工智能程序也是使用有监督学习的哦。

有监督学习是一种提供大量配对的问题和答案让计算机学习的方法，因答案又称为"监督数据"而得名"有监督学习"。人们提供新数据时，计算机能够根据数据的特征来回答"这是什么"。监督学习适用于文字或声音的识别、翻译等。

这个问题的答案是这个。

● 无监督学习

有了"有监督学习"，当然也有与之相对的"无监督学习"。

无监督学习没有替代老师的答案数据吧。呃……如果没有答案数据，就不知道什么是答案了呀。

是的，所以无监督学习不是查找答案的学习。

这是怎么回事呢？

这种方法是让计算机从许多数据中找到相似的同类，将其分组。

原来是这么回事啊。

无监督学习是查询大量没有答案的数据，而不是查找答案的学习方法。它是从大量数据中归纳相似数据，选出特征，进行分组（聚类）的一种方法。

在组中。

● 强化学习

最后说强化学习。虽然不会告诉计算机配对的问题和答案，但是这种方法的目标也是给出准确答案。

明明没有告诉计算机配对的问题和答案，怎么才能知道答案呢？

这种学习方法是让计算机多次反复试验，出现准确结果时对它说"这个不错哦！"给予表扬。

是在表扬中成长的类型呢。

比如，在国际象棋、围棋等棋类运动中，让计算机进行多次对战，根据好的结果让它学习更好的依照。而且，计算机可以高速且不知疲倦地进行几亿次对战，积累大量经验后形成强大的人工智能。

好厉害。

　　强化学习是一种让计算机反复进行各种试验，出现好结果时给予"奖励"，使其强化的学习方法。这是用于查找更强策略的一种方法，常用于机器人控制或棋类运动等。例如，围棋人工智能 AlphaGo 会通过上亿次对战，不断学习更好的招数，变得比人更强，能够在与人的对弈中获胜。

神之一手！

 ## 读取学习用数据并显示

　　接下来要编写的识别手写数字的应用程序，是观察特征后回答"这是什么"的程序，属于有监督学习。

　　提供大量数字的图像和"这是什么数字"的配对信息给计算机，让它学习数字的特征。

数字"1"的图像数据

数字"2"的图像数据

手写数字也能识别。

让计算机进行学习需要大量的数据。我们使用 **sklearn** 提供的用于机器学习的样例数据。用 **datasets.load_digits()** 读取手写数字的数据。它包含许多已配对的手写数字图像（**data** 和 **images**）以及"这是什么数字"的信息（**target**）。

先确认 **sklearn** 为我们准备了什么样的数据。执行以下程序读取数据，并显示数据个数、第 1 个图像数据和"第 1 个数字是什么"。

digitsData1.py

```python
import sklearn.dataset

digits = sklearn.datasets.load_digits()

print(" 数据个数 =",len(digits.images))
print(" 图像数据 =",digits.images[0])
print(" 对应数字 =",digits.target[0])
```

输出结果

```
数据个数 = 1797
图像数据 = [[ 0.  0.  5. 13.  9.  1.  0.  0.]
           [ 0.  0. 13. 15. 10. 15.  5.  0.]
           [ 0.  3. 15.  2.  0. 11.  8.  0.]
           [ 0.  4. 12.  0.  0.  8.  8.  0.]
           [ 0.  5.  8.  0.  0.  9.  8.  0.]
           [ 0.  4. 11.  0.  1. 12.  7.  0.]
           [ 0.  2. 14.  5. 10. 12.  0.  0.]
           [ 0.  0.  6. 13. 10.  0.  0.  0.]]
对应数字 = 0
```

查看"数据个数"，可知共有 1797 个数据。

查看"图像数据"可以看到数字列表。这个数据由 8×8 的数值列表构成，以数值大小代表颜色深浅。其中，0 是最明亮的白色，16 是最暗淡的黑色。

查看"这是什么数字"的结果是 0，说明以上数据表示的是数字"0"。

digits

target[0]

0

images[0]

```
[ 0.   0.   5.  13.   9.   1.   0.   0. ]
[ 0.   0.  13.  15.  10.  15.   5.   0. ]
[ 0.   3.  15.   2.   0.  11.   8.   0. ]
[ 0.   4.  12.   0.   0.   8.   8.   0. ]
[ 0.   5.   8.   0.   0.   9.   8.   0. ]
[ 0.   4.  11.   0.   1.  12.   7.   0. ]
[ 0.   2.  14.   5.  10.  12.   0.   0. ]
[ 0.   0.   6.  13.  10.   0.   0.   0. ]
```

target[1]

1

images[1]

```
[ 0.   0.   0.  12.  13.   5.   0.   0. ]
[ 0.   0.   0.  11.  16.   9.   0.   0. ]
[ 0.   0.   3.  15.  16.   6.   0.   0. ]
[ 0.   7.  15.  16.  16.   2.   0.   0. ]
[ 0.   0.   1.  16.  16.   3.   0.   0. ]
[ 0.   0.   1.  16.  16.   6.   0.   0. ]
[ 0.   0.   1.  16.  16.   6.   0.   0. ]
[ 0.   0.   0.  11.  16.  10.   0.   0. ]
```

正在学习！

咦？显示的不是图像，而是排列着的数值呢？

这是因为图像变成了数值数据。数值小的地方颜色浅，大的地方颜色深。这样你能看出什么吗？

嗯……看不明白。

是吧。那现在我们借助 matplotlib 库，用图像显示这个数据吧。

哦。会变成什么样呢？

来把数值列表转化为图像吧。借助 **matplotlib** 来绘制图像。

digitsImage1.py

```python
import sklearn.dataset
import matplotlib.pyplot as plt

digits = sklearn.datasets.load_digits()

plt.imshow(digits.images[0], cmap="Greys")    … 把数值数据转换为灰度图像
plt.show()    ………………………………………………  显示生成的图像
```

输出结果

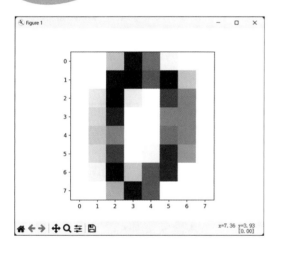

零。

转化为图像后可以看出来是"0"。

这样就能看懂了，是数字0。像马赛克图像。

因为 8×8 的数值数据转化为图像了，所以呈现的是你觉得像马赛克的图像。人工智能程序则会通过查看这样的马赛克图像来学习数字。

第
23
课

149

目前我们只确认了第 1 个数据，其他数据是什么样还不清楚。下面，让我们显示前 50 个数据。

因为要用循环显示许多数据，所以用 **for** 语句。循环 50 次时，指定 **for i in range(50):**。

digitsImage50.py

```
import   sklearn.dataset
import   matplotlib.pyplot as plt

digits = sklearn.datasets.load_digits()

for i in range(50):                          …………………… 循环 50 次          ┐ for 语句
    plt.subplot(5, 10, i + 1)   …………… 在 5×10 的列表中按顺序显示  │
    plt.axis("off")             ……………………………… 不显示坐标轴        │
    plt.title(digits.target[i]) ………… 将标题设置为对应的数字      │
    plt.imshow(digits.images[i], cmap="Greys")                   ┘
plt.show()
```

输出结果

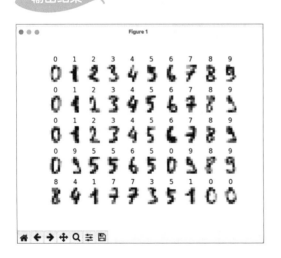

学习了 50 个呢。

有许多手写数字作为数据。这样的数据总计 1797 个。

接下来使用这些数据，让计算机学习数字。

编写通过图像文件预测数字的程序

尝试编写通过图像文件预测数字的程序。

首先，让计算机读取数据，学习数字。然后，让它查看新的数字图像，预测是什么数字。

这里，我们给它看数字 2 的图像（2.png），让它来回答数字。

① 输入代码

用 IDLE 输入程序。有点长，请耐心点。

predictDigits.py

```python
import sklearn.datasets
import sklearn.svm
import PIL.Image
import numpy

# 将图像文件转换为数值列表
def imageToData(filename):
    # 转换为 8×8 的灰度图像
    grayImage = PIL.Image.open(filename).convert("L")
    grayImage = grayImage.resize((8,8),PIL.Image.Resampling.LANCZOS)
    # 数值列表的转换
    numImage = numpy.asarray(grayImage, dtype = float)
    numImage = 16 - numpy.floor(17 * numImage / 256)
    numImage = numImage.flatten()

    return numImage

# 预测数字
def predictDigits(data):
    # 读取训练数据
    digits = sklearn.datasets.load_digits()
    # 训练机器学习模型
    clf = sklearn.svm.SVC(gamma = 0.001)
```

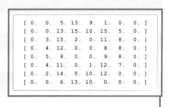

 学习中……

151

```
clf.fit(digits.data, digits.target)
# 显示预测结果
n = clf.predict([data])
print(" 预测 =",n)

# 将图像文件转换为数值列表
data = imageToData("2.png")
# 预测数字
predictDigits(data)
```

② 准备画有数字的图像

在和编写的程序文件（.py）相同的文件夹内，准备画有数字"2"的图像（2.png）。可以用 PhotoShop 或者 GIMP 等软件来准备。注意用粗一些的笔画，如图像尺寸为 200×200（像素）时，笔画粗细调整到 30 为宜。也可以从本书源代码文件中获取图像。

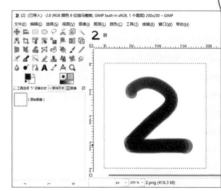

用加粗的笔画绘制手写文字。

③ 执行程序

预测结果是"2"。由此可见，人工智能读取这个图像后，把它理解成了数字 2。

输出结果

```
预测 = [2]
```

好厉害呀！得出的结果真的是 2 呢。

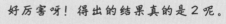

因为认真学习了，所以预测成功了呀。

看起来简单的程序可真聪明。

第24课

数字预测程序分析

 程序的整体结构

程序的主要步骤调用了两个函数：imageToData 函数把数字的图像转换为数值列表，而 predictDigits 函数接收这个列表并预测数字。

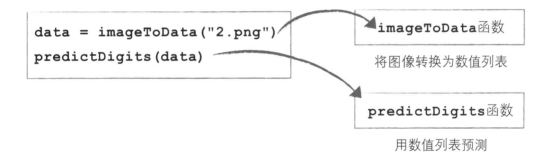

```
data = imageToData("2.png")
predictDigits(data)
```

imageToData函数

将图像转换为数值列表

predictDigits函数

用数值列表预测

 imageToData() 函数说明

图像数据需要转换为数值列表，这一步调用了 **imageToData()** 函数。先把读取的图像文件转换为灰度马赛克图像，然后使用 **numpy** 库把图像转换为数值列表。

predictDigits.py（第6~16行）

```
#  将图像文件转换为数值列表
def imageToData(filename):
    #  转换为 8×8 的灰度图像
    grayImage = PIL.Image.open(filename).convert("L")
    grayImage = grayImage.resize((8,8),PIL.Image.Resampling.
        LANCZOS)
    #  数值列表的转换
    numImage = numpy.asarray(grayImage, dtype = float)
    numImage = 16 - numpy.floor(17 * numImage / 256)
    numImage = numImage.flatten()

    return numImage
```

我们来看看这个 imageToData() 函数做了什么吧。开始的两行把提供的图像转换成了 8×8（像素）的灰度图像。

这个在显示马赛克图像的应用程序中做过。

因为要将图像调整到 8×8（像素）的大小，为了确保图像在变小的情况下保持自然状态，我们指定了抗锯齿选项。接下来的 3 行将图像转换为数值列表。

是 numpy……那个吗？

是的。通过开始的 numpy.asarray()，把图像转换成 8×8 的数值列表。

只要一行就能做到啊。

```
numImage = numpy.asarray(grayImage, dtype = float)
```

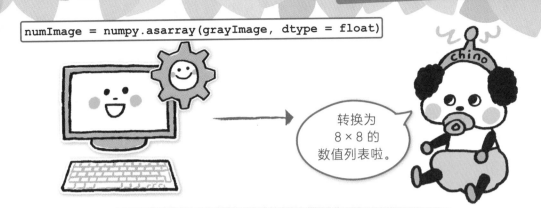

转换为
8×8 的
数值列表啦。

但是从图像中转换得到的数据灰度范围是 255~0。计算机准备学习的数据灰度范围是 0~16，并且由一行数据构成。因此，通过 16-numpy.floor() 转换为 0~16 的灰度范围，再在下一行通过 flatten() 把 8×8 的数据转换为一行（64×1）数值列表。

通过转换把它变成容易学习的数据。

也就是说，在 imageToData() 函数中把提供的图像转换为可用于预测的数值列表。

255	255	255	230	255	255	255	255
255	224	108	79	104	235	255	255
255	208	158	255	105	69	255	255
255	255	255	255	38	118	255	255
255	255	222	32	131	255	255	255
255	210	0	44	204	161	201	255
255	198	43	83	63	28	122	255
255	255	255	255	255	255	255	255

16-numpy.floor(17*原始值/256)

0	0	0	1	0	0	0	0
0	2	9	11	9	1	0	0
0	3	6	0	9	11	0	0
0	0	0	0	13	8	0	0
0	0	2	14	7	0	0	0
0	2	16	13	3	5	3	0
0	3	13	10	12	14	8	0
0	0	0	0	0	0	0	0

为人工智能
将图像转换成
容易学习的数据。

predictDigits() 函数说明

通过转换后的数值列表预测是哪个数字。这一步调用了 **predictDigits()** 函数。首先，用 **load_digits()** 函数读取学习用的数据。接着，用 **clf.fit()** 函数输入数字图像（**data**）和"是什么数字"的信息（**target**）进行学习。最后，输入要预测的图像的数值列表来预测图像里是什么数字。这一步调用了 **clf.predict()** 函数。

predictDigits.py(第18~27行)

```
# 预测数字
def predictDigits(data):                        预测 "是什么数字" 的函数
    # 读取训练数据
    digits = sklearn.datasets.load_digits()
    # 训练机器学习模型
    clf = sklearn.svm.SVC(gamma = 0.001)         准备学习的步骤
    clf.fit(digits.data, digits.target)          输入数据进行学习
    # 显示预测结果
    n = clf.predict([data])                      预测是什么数字
    print(" 预测 =",n)
```

生成用于预测的数值列表的功能完成了，终于可以进行预测了。

太好了。

先通过load_digits()函数读取学习用的数字数据。接下来的两行使用这些数据学习。

嗯嗯。

学习完成后，传递用于预测的数值列表，也就是clf.predict([data])函数。这个函数会返回一个值，也就是预测结果。这样就知道了图像里是什么数字。

成功了呢！

第25课

编写人工智能应用程序"小智"

我们把之前编写的程序融会贯通，来编写人工智能应用程序。

恭喜！终于到这一步了。只要把之前编写的程序组合起来，就能编写人工智能应用程序了。

终于啊，可以真正地编写了。

这个应用程序很简单，只有一个"打开文件"的按钮，让用户点击来操作。

嗯嗯。

用户在文件对话框中选择手写数字的图像文件，应用程序会预测"是什么数字"，把结果显示在界面上。用户能够重复点击"打开文件"进行多次预测。

岂不是很棒。

用户选择图像文件后显示的部分，可以利用之前编写的显示为马赛克图像的应用程序。

都是点击按钮，调出打开文件对话框的窗口应用程序，一样的。

157

只要确定好图像文件的名称，之后连接刚才编写的由图像文件预测数字的程序就可以了。

太好了！这样就能编写"小智"了呢。

分析。

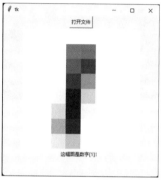

 ## 编写应用程序

要编写集大成的人工智能应用程序"小智"了。

这是一个由用户指定手写数字图像文件，识别图像所示数字并做出回答的应用程序。

这个应用程序由第 4 章读取图像显示为马赛克图像的应用程序和本章由图像文件预测数字的程序组合而成。

先编写应用程序部分。

 chino0.py

```python
import   tkinter as tk
import   matplotlib.pyplot as plt
import PIL.Image
import PIL.ImageTk

# 将图像文件转换为数值列表
def predictDigits(data):
    # 转换为 8×8 的灰度图像
```

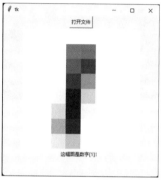

```
grayImage = PIL.Image.open(filename).convert("L")
grayImage = grayImage.resize((8,8),PIL.Image.Resampling.
    LANCZOS)
# 使用旧版 pillow 库时，如果出现错误，可能需要把
# PIL.Image.Resampling.LANCZOS 改为 PIL.Image.ANTIALIAS。
# 如果用 pip 安装了最新版本的 pillow 库，一般不需要改动。
# 显示图像内容
dispImage = PIL.ImageTk.PhotoImage(grayImage.
    resize((300,300),resample=0))
imageLabel.configure(image = dispImage)
imageLabel.image = dispImage


# 打开图像文件
def openFile():
    fpath = fd.askopenfilename()
    if fpath:
        # 将图像文件转换为数值列表
        data = imageToData(fpath)


# 创建应用程序窗口
root = tk.Tk()
root.geometry("400x400")

btn = tk.Button(root, text=" 打开文件 ", command = openFile)
imageLabel = tk.Label()

btn.pack()
imageLabel.pack()


tk.mainloop()
```

这个程序和在第 4 章显示为马赛克图像的应用程序几乎相同。

显示图像文件的函数，因为计划在这里把图像文件转换为数值列表，所以函数名称提前设为 **imageToData()**。

打开文件对话框 **openFile()** 函数，在打开文件对话框中选择图像文件后调用 **imageToData()** 函数。

程序的主要部分还包括生成窗口，以及布置按钮和显示图像的标签。

测试应用程序

作为测试，我们先在这个状态下执行应用程序。

❶ 点击"打开文件"按钮，弹出打开文件对话框。❷ 选择图像文件。❸ 点击"打开"按钮，读取选择的图像文件。❹ 显示为 8×8（像素）的灰度图像。

输出结果

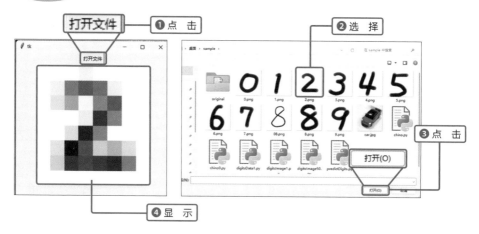

顺利读取图像并显示了。

8×8（像素）的图像这么粗糙啊。

接下来就为这个应用程序追加预测数字的人工智能吧。

接着追加功能哦。

第26课

让人工智能应用程序 "小智" 成长

对第 25 课完成的人工智能应用程序，追加由图像文件预测数字的程序部分。

追加 import

先在开头追加模块的 **import** 语句——从 "# 机器学习使用的模块" 开始往下的 3 行。

chino.py（第 1 ~ 8 行）

```
import  tkinter as tk
import  tkinter.filedialog as fd
import PIL.Image
import PIL.ImageTk
# 机器学习使用的模块
import  sklearn.datasets
import  sklearn.svm
import  numpy
```

………… 追加 3 个模块

哇，好多 import。

说明要用到这么多模块。

交给我吧！

161

修改 imageToData() 函数

imageToData() 函数显示图像文件后，将其转换为数值列表并返回。在函数末尾追加从"# 转换为数值列表"开始往下的 4 行。

chino.py（第 10 ~ 23 行）

```python
# 将图像文件转换为数值列表
def imageToData(filename):
    # 转换为 8×8 的灰度图像
    grayImage = PIL.Image.open(filename).convert("L")
    grayImage = grayImage.resize((8,8),PIL.Image.Resampling.
        LANCZOS)
    # 显示图像内容
    dispImage = PIL.ImageTk.PhotoImage(grayImage.
        resize((300,300),resample=0))
    imageLabel.configure(image = dispImage)
    imageLabel.image = dispImage
    # 数值列表转换
    numImage = numpy.asarray(grayImage, dtype = float)
    numImage = 16 - numpy.floor(17 * numImage / 256)
    numImage = numImage.flatten()
    return numImage
```

… 追加 4 行

把转换为 8×8（像素）的灰度图像文件转换成数值列表后，通过 return 返回调用它的位置。

要把这个转换后的数据传递给人工智能吧。

追加 predictDigits() 函数

在 imageToData() 函数的下面，完整追加预测数字的 predictDigits() 函数。读取学习用数据进行机器学习，然后通过 imageToData() 函数传递转换后的数值列表，预测数字，最后把预测结果显示在标签中。

chino.py（第 25 ~ 34 行）

```python
# 预测数字
def predictDigits(data):
    # 读取训练数据
    digits = sklearn.datasets.load_digits()
    # 训练机器学习模型
    clf = sklearn.svm.SVC(gamma = 0.001)
    clf.fit(digits.data, digits.target)
    # 显示预测结果
    n = clf.predict([data])
    textLabel.configure(text = "这幅图是数字"+str(n)+"！")
```

学习中……

…… 完整
追加

与预测数字的程序中的 **predictDigits()** 函数基本一致。最后的显示部分，因为是在应用程序中，所以让它显示在标签里。而且为了阅读方便，把它写成了句子。

显示为"这幅图是数字几！"，就好像是在说话呢。

 ## 修改 openFile() 函数

在 **openFile()** 函数中追加选择文件后预测数字的处理。在函数的最后追加从"# 预测数字"开始往下的 1 行。

chino.py（第 36 ~ 43 行）

```python
# 打开图像文件
def openFile():
    fpath = fd.askopenfilename()
    if fpath:
        # 将图像文件转换为数值列表
        data = imageToData(fpath)
        # 预测数字
        predictDigits(data)
```
…… 追加 1 行

零……

第
26
课

163

在用户选择图像文件后，依次执行把图像文件转换为数值列表和预测数字两个步骤。

要转换成让人工智能明白的数据以后才能传递给人工智能。

 修改创建界面的部分

在窗口中追加显示预测结果的标签。在最后追加"# 创建显示预测结果的标签"开始往下的两行。

 chino.py（第 45 ~ 58 行）

```
# 创建应用程序窗口
root = tk.Tk()
root.geometry("4000x400")

btn = tk.Button(root, text="打开文件", command = openFile)
imageLabel = tk.Label()
btn.pack()
imageLabel.pack()

# 创建显示预测结果的标签
textLabel = tk.Label(text="我认识手写的数字！")
textLabel.pack()

tk.mainloop()
```

零。

到这里总算完成了吧？

是的。我们重新检查一下程序代码，看看是不是确实修改完成了。

chino.py（完成）

```python
import tkinter as tk
import tkinter.filedialog as fd
import PIL.Image
import PIL.ImageTk
# 机器学习使用的模块
import sklearn.datasets
import sklearn.svm
import numpy
```

```
[ 0.  0.  5. 13.  9.  1.  0.  0. ]
[ 0.  0. 13. 15. 10. 15.  5.  0. ]
[ 0.  3. 15.  2.  0. 11.  8.  0. ]
[ 0.  4. 12.  0.  0.  8.  8.  0. ]
[ 0.  5.  8.  0.  0.  9.  8.  0. ]
[ 0.  4. 11.  0.  1. 12.  7.  0. ]
[ 0.  2. 14.  5. 10. 12.  0.  0. ]
[ 0.  0.  6. 13. 10.  0.  0.  0. ]
```

```python
# 将图像文件转换为数值列表
def imageToData(filename):
    # 转换为 8×8 的灰度图像
    grayImage = PIL.Image.open(filename).convert("L")
    grayImage = grayImage.resize((8,8),PIL.Image.Resampling.
        LANCZOS)
    # 显示图像内容
    dispImage = PIL.ImageTk.PhotoImage(grayImage.
        resize((300,300),resample=0))
    imageLabel.configure(image = dispImage)
    imageLabel.image = dispImage
    # 数值列表的转换
    numImage = numpy.asarray(grayImage, dtype = float)
    numImage = 16 - numpy.floor(17 * numImage / 256)
    numImage = numImage.flatten()
    return numImage
```

```python
# 预测数字
def predictDigits(data):
    # 读取学习数据
    digits = sklearn.datasets.load_digits()
    # 训练机器学习模型
    clf = sklearn.svm.SVC(gamma = 0.001)
    clf.fit(digits.data, digits.target)
    # 显示预测结果
    n = clf.predict([data])
    textLabel.configure(text = "这幅图是数字"+str(n)+"！")
```

165

```python
# 打开图像文件
def openFile():
    fpath = fd.askopenfilename()
    if fpath:
        # 将图像文件转换为数值列表
        data = imageToData(fpath)
        # 预测数字
        predictDigits(data)


# 创建应用程序界面
root = tk.Tk()
root.geometry("4000x400")

btn = tk.Button(root, text="打开文件", command = openFile)
imageLabel = tk.Label()
btn.pack()
imageLabel.pack()


# 创建显示预测结果的标签
textLabel = tk.Label(text="我认识手写的数字！")
textLabel.pack()


tk.mainloop()
```

好的，终于迎来了人工智能应用程序"小智"的全面完工。

被你们看光了
……

运行人工智能程序"小智"

　　点击"打开文件"按钮，出现打开文件对话框。选择图像文件后，点击"打开"按钮。应用程序把图像转换为 8×8 像素并显示，同时会回答图中是哪个数字。让应用程序来读取各种手写的数字图像吧，它基本上都能理解。

　　手写数字图像既可以自己创建，也可以从本书附件中获取。如果是手写，记得用粗线描绘数字。

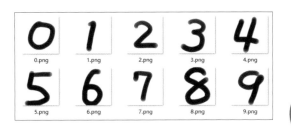

来手写
各种数字吧！

输出结果

这幅图是数字 [0]!

这幅图是数字 [1]!

这幅图是数字 [2]!

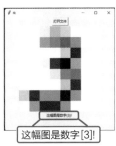

这幅图是数字 [3]!

这幅图是数字 [4]!

这是在
Windows 系统
执行的结果。

第26课

这幅图是数字 [5]!

这幅图是数字 [6]!

这幅图是数字 [7]!

这是在 macOS 系统执行的结果。

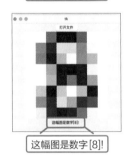

这幅图是数字 [8]!

这幅图是数字 [9]!

厉害厉害！我的文字全部答对了呢。

终于完成了呢。恭喜！

备忘录

数字识别错误的情况

　　本章编写的应用程序，学习用的均为用粗笔画书写的数字。用细笔画写下的数字因为和学习的图像数据不同，所以不容易准确识别。例如，本书源代码文件中准备了一张细笔画书写的"08.png"，它会被应用程序错误识别成"9"。这是因为"小智"是根据学习的特征寻找答案的，所以会出现特征不符而识别错误的情况。

08.png

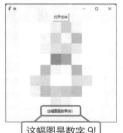

这幅图是数字 9!

第 27 课

学习展望

至此，我们完成了人工智能应用程序的编写。那么，接下来学习什么好呢？

 ## 先来看看 scikit-learn

博士！接下来我该学习什么好呢？

 到目前为止，是朝着双叶同学这样的初学者能够编写人工智能应用程序的目标前进的。所以，我把人工智能讲得比较简单。

谢谢博士！

 手写数字的预测，是利用机器学习库 scikit-learn 编写的。但这个库还能实现有监督学习中的分类（classification）和回归（regression），以及无监督学习中的聚类（clustering）和降维（dimensional reduction）等。

啊！出现了好多种啊。

 手写数字的预测属于分类，也就是这个图像要被分类为哪个数字的处理。回归能够在大量数据中找到倾向性的规律，常用于股价预测和天气预测等。

原来还能做这些事情呢。

利用 scikit-learn 库可以做很多事情。但是首先要理解原理。

理解原理什么的，听起来就好难！

所以，我才考虑着一点点循序渐进。这些内容会在"Python 二级"和"Python 三级"系列书中讲解。人工智能的部分集中在《Python 三级：机器学习》中。

到时候还是由博士来教我吧！

人工智能是收集数据并进行处理的技术。因此，需要预先学习数据抓取（scraping）和数据分析。这些是"Python 二级"的内容。

快点，我想挑战二级或三级。

勇于动手尝试

总之，先动手尝试编写一些东西。虽然通过书本或网络上的知识能大致了解，但在亲手编写程序时还是会有新的发现。

说不定呢。

直接挑战"终极大 boss"级别的大型程序，难度太大。所以，从让人觉得"是不是太简单了"的程序开始挑战，不断提升等级就可以了。

那么，我就从让"小智"再成长一点的地方开始吧！

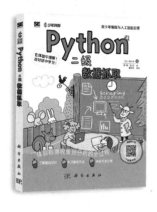

这是数据收集的超级入门版！

这是数据分析的超级入门版！

这才是人工智能的超级入门版！

第28课

程序出错时怎么办？

程序出错时，首先要保持冷静。无论多么厉害的程序员，都有出错的经历。只要认真排查应对，都能修复错误，正确运行。

博士！程序出错了！快帮帮我！

哎呀，你先冷静一下。

我冷静不了呀！这个计算机是不是出故障了？

出现错误，其实不一定是坏事啊。通常都会提示"只要修改了这个错误就会恢复"。

出错时要做的事

① 先让自己冷静下来。
② 仔细查找错误。
③ 进行修改。

啊？是这样的吗？话虽这么说，一串串红字显得好可怕的样子。

这是计算机独特的表达方式。虽然看起来很难，但其实是计算机在努力详细地告诉我们错误的结果。

但是我不知道怎么办才好呀。

每种错误都有各自的应对方法。我们先来讲解常见错误的应对方法。使用 IDLE 时，有通过对话框显示的错误和通过红色文字显示的错误两种，我们分别看一下。

通过对话框显示的错误

通过对话框显示的错误大多是单纯的输入错误。这时要确认有没有输入错误的内容，或者不正确地缩进了代码等。

① "invalid syntax" "invalid character"

意思分别是"无效的语法"和"无效的字符"，通常由单纯的输入错误引起。请确认是否发生了以下错误，并改正。

- 是否弄错了变量和函数名称的拼写
- 是否弄错了大小写
- 是否弄错了半角 / 全角英文字符和数字
- 是否错误地输入了形状相近的字符

● 形状相近的字符示例

- "." （英文句号）和 "," （英文逗号）
- "o" （英文字母 "o" 的大写）和 "0" （数字零）
- "l" （英文字母 "L" 的小写）、"I" （英文字母 "i" 的大写）和 "1" （数字一）
- "z" （英文字母）和 "2" （数字二）
- "B" （英文字母 "b" 的大写）和 "8" （数字八）

例：将 **1+1** 错误输入为 **1+*1**

例：将半角字符 **1+1** 错误输入为全角字符 **１+１**

② "expected ':'"

意思是"没有找到行尾本来该有的："，常见于 **if** 语句、**for** 语句和 **def** 语句的行尾遗漏了冒号时。冒号被错写成了其他符号，可能也会发生"invalid syntax"错误。这时要在行尾追加或修改为"："。

if 语句的行尾遗漏：

for 语句的行尾错误地把：写成了；

③ "unexpected indent"

意思是"出现了不需要的缩进",常发生在命令的开头加了空格时。这时要删除开头的空格。

例:命令的开头加了不需要的空格

④ "expected an indented block" "unindent dos not match any outer indentation level"

意思是"缩进的位置有误"。这时要修改缩进的位置。

例:缺少缩进

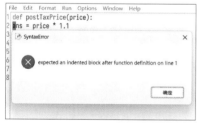

例:缩进位置有误

⑤ "unterminated string literal"

意思是"字符串没有封闭",常发生于字符串末尾的双引号(或单引号)遗漏时。这时要追加引号,把字符串括起来。

例:字符串没有封闭

⑥ "'(' was never closed" "unmatched ')'"

意思是"括号没有成对出现",常发生于右半边缺少或多出小括号、中括号时。这时要进行相应的修改。

例:缺少右括号

例:右括号过多

通过红色文字显示的错误

通过红色文字显示的错误，多数是"一不留神写错导致的"。但是，一不留神的失误，往往因为程序员下意识地认为是对的，而没能发现。因此，一定要仔细检查。

但是，错误的字符很多，看上去很麻烦。

这是因为详细描述了错误的情况啊。关键在于错误的最后一行，所以要从最后一行看起。它会显示"在哪里有什么样的错误"的信息。

① "NameError: name 'XXX' is not defined"

意思是"找不到用这个名称定义的变量或函数"。找不到名称的原因有很多种，常见的原因可能如下。

- 错误发生处拼错了变量或函数名称
- 定义变量或函数时弄错了名称
- 错误地保存为可能引起冲突的文件名（如 turtle.py）

● 错误发生处拼错了变量或函数名称

首先确认错误发生处是否拼错了变量或函数名称。

例：`print` 错写为 `Print`

File	Edit	Format	Run	Options	Window	Help

```
1 Print("Hello"))
2
```

```
Traceback (most recent call last):
  File "C:/Users/Louis/Desktop/sample/test/errortest.py", line 1, in <module>
    Print("Hello")
NameError: name 'Print' is not defined. Did you mean: 'print'?
>>>
```

这个错误的意思是"找不到 **Print** 的定义"，还提示用户"您的意思是不是 **print**?"这时要改成小写的 **print**。

● 定义变量或函数时弄错了名称

有的情况下，出错处变量名或函数名是正确的，使用的变量或函数有可能在定义时弄错了名称。这时候就要往前追溯，确认它们在定义时的名称是否拼写正确。

例：在定义变量时把名称"**bmi**"错写为"**bm1**"

```
File   Edit   Format   Run   Options   Window   Help
1 h = float(input("您的身高是多少cm? ")) / 100.0
2 w = float(input("您的体重是多少kg? "))
3 bm1| = w / (h * h)
4 print("您的BMI指数是",bmi,"。")
5
```

```
Traceback (most recent call last):
  File "C:/Users/Louis/Desktop/sample/test/errortest.py", line 4, in <module>
    print("您的BMI指数是",bmi,"。")
NameError: name 'bmi' is not defined. Did you mean: 'bm1'?
>>>
```

这个错误的意思是"找不到 **bmi** 的定义"，并且提示用户"您的意思是不是 **bm1**?"因为 **bmi** 是正确的，所以要往前追溯到定义这个变量的位置（第 3 行），发现错写成 **bm1** 了。修改为 **bmi** 即可。

名称弄错了
……失败。

● 错误地保存为可能引起冲突的文件名（如 turtle.py）

通过 import 语句导入模块时，如果模块名称和文件夹中已有的名称相同，则会发生冲突而不能正确运行。这是因为，当文件夹中存在相同名称的文件时，Python 会优先读取文件夹中的文件而不是库，导致错误。

比如，第 3 章的海龟绘图程序导入了 **turtle** 模块，所以要确认程序文件名是否为"turtle.py"，以及程序所在文件夹中是否有别的名为"turtle.py"的文件。如果有，就要修改为"turtle.py"以外的名称，如"turtle1.py"等。

例：把海龟绘图程序命名为"turtle.py"

turtle.py

```
Traceback (most recent call last):
  File "C:\Users\Louis\Desktop\sample\test\turtle.py", line 1, in <module>
    from turtle import *
  File "C:\Users\Louis\Desktop\sample\test\turtle.py", line 2, in <module>
    shape("turtle")
NameError: name 'shape' is not defined
>>>
```

这个错误的意思是"找不到 **shape**"的定义。因为 **shape** 函数是在 **turtle** 模块中定义的，错误地读取了文件夹里的"turtle.py"文件时，当然会找不到 **shape** 函数。

第28课

② "ModuleNotFoundError: No module named 'xxx'"

意思是"找不到这个名称的模块（库）"，原因可能有以下两种。

· 写错了模块（程序）的名称
· 未正确安装库

● 写错了模块（库）的名称

　　首先确认出错的模块名称是不是写错了。即使是大小写用错，也会报错。

例：把 **PIL.Image** 错写成 **pil.Imag**

File	Edit	Format	Run	Options	Window	Help

```
import tkinter as tk
import tkinter.filedialog as fd
import pil.Image
import pil.ImageTk
```

```
Traceback (most recent call last):
  File "C:\Users\Louis\Desktop\sample\test\dispImage.py", line 3, in <module>
    import pil.Image
ModuleNotFoundError: No module named 'pil'
>>>
```

　　这个错误的意思是"找不到名为 **pil** 的库或模块"。这时要把 **pil** 改为正确的 **PIL**。

在程序的
世界里，大小写
要明确区分。

例：把 **PIL.ImageTk** 错写成 **PIL.ImageTK**

File	Edit	Format	Run	Options	Window	Help

```
import tkinter as tk
import tkinter.filedialog as fd
import PIL.Image
import PIL.ImageTK
```

```
Traceback (most recent call last):
  File "C:\Users\Louis\Desktop\sample\test\dispImage.py", line 4, in <module>
    import PIL.ImageTK
ModuleNotFoundError: No module named 'PIL.ImageTK'
>>>
```

这个错误的意思是"找不到名为 **PIL.ImageTK** 的库或模块"。这时要把 **PIL.ImageTK** 改为正确的 **PIL.ImageTk**。

咦？我应该安装了库啊！

● 未正确安装库

明明库的名称是正确的却仍然报错，有可能是库没有被正确安装，需要重新安装库。

但是，也可能发生明明库正确安装了还是报错的情况。这可能是因为计算机中以前安装过其他版本的 Python，而当前运行和编写程序的 IDLE 使用的 Python 版本中没有安装库。请按照以下内容进行确认。

第28课

181

可能是安装了
多个版本的
Python 哦。

● **确认是否安装了库（Windows）**

启动"命令提示符"应用程序。输入以下命令，按 `Enter` 键运行。此时会显示已经安装的库的列表。

```
py -m pip list
```

如果显示"WARNING: You are using pip version xx.x.x; … You should consider upgrading vie the … pip install --upgrade pip command."则说明 **pip** 库的版本过低，需要升级。输入以下命令，按 `Enter` 键运行，即可升级 **pip** 库。然后，重新输入命令 **py -m pip list** 并运行。

```
py -m pip install --upgrade pip
```

如果显示的列表中没有某个需要的库，则输入以下命令来安装。

```
py -m pip install <库名称>
```

在"命令提示符"中再次输入以下命令，按 `Enter` 键运行。列表中显示库以后，就不会发生"ModuleNotFoundError"错误了。

```
py -m pip list
```

● 确认是否安装了库（macOS）

启动"终端"应用程序。输入以下命令，按 [return] 键运行。此时会显示已经安装的库的列表。

```
python3 -m pip list
```

如果显示"WARNING: You are using pip version xx.x.x; … You should consider upgrading vie the … pip install --upgrade pip command."则说明 **pip** 库的版本过低，需要升级。输入以下命令，按 [return] 键运行，即可升级 **pip** 库。然后，重新输入命令 **python3 -m pip list** 并运行。

```
python3 -m pip install --upgrade pip
```

如果显示的列表中没有某个需要的库，则输入以下命令来安装。

```
python3 -m pi install <库名称>
```

在终端中再次输入以下命令，按 [return] 键运行。列表中显示库以后，就不会发生"ModuleNotFoundError"错误了。

```
python3 -m pip list
```

pip list 命令的功能是显示已经安装的库的列表。

第28课

③ "FileNotFoundError: [Errno 2] No such file or directory: 'xxx'"

意思是"准备读取文件时找不到文件"。当 Python 程序中的文件名不包含文件夹名称时，需要把使用的文件和程序放在同一个文件夹。请确认程序的文件夹内是否有这个文件，如果没有，则把相关文件移动（剪切）或复制到文件夹中。

例：预测数字的程序找不到要读取的"2.png"文件

```
Traceback (most recent call last):
  File "C:\Users\Louis\Desktop\testfolder\predictDigits.py", line 30, in <module>
    data = imageToData("2.png")
  File "C:\Users\Louis\Desktop\testfolder\predictDigits.py", line 9, in imageToData
    grayImage = PIL.Image.open(filename).convert("L")
  File "C:\Users\Louis\devkit\anaconda3\Lib\site-packages\PIL\Image.py", line 3218, in open
    fp = builtins.open(filename, "rb")
FileNotFoundError: [Errno 2] No such file or directory: '2.png'
>>>
```

这个错误的意思是"查找不到名为'2.png'的文件或文件夹"。

请确认是否输错了文件名，或者文件放错了文件夹。

④ "TclError: bad geometry specifier "XXX""

意思是"tkinter 库窗口大小的参数有误"。在 tkinter 中，命令只会按照 tkinter 规定的符号执行。比如，**root.geometry("200x100")** 中的 **x** 符号，请使用半角小写英文字母"x"，使用大写的"X"或者乘法运算符号"×"等就会出错。

例：把 **200x100** 错写成 **200X100**

```
File  Edit  Format  Run  Options  Window  Help
import tkinter as tk

root = tk.Tk()
root.geometry("200X100")

lbl = tk.Label(text="LABEL")
btn = tk.Button(text="PUSH")
```

```
Traceback (most recent call last):
  File "C:\Users\Louis\Desktop\sample\test\errortest.py", line 4, in <module>
    root.geometry("200X100")
  File "C:\Users\Louis\AppData\Local\Programs\Python\Python311\Lib\tkinter\__init__.py", line 2100, in wm_geometry
    return self.tk.call('wm', 'geometry', self._w, newGeometry)
_tkinter.TclError: bad geometry specifier "200X100"
>>>
```

这个错误的意思是"tkinter 库窗口大小的参数 **200X100** 有误"。

⑤ "ValueError: 'Grays' is not a valid value for name"

这个错误的意思是"指定的参数名称有误"。在调用 **matplotlib** 库的程序中，指定颜色参数 **cmap='Greys'** 的地方，如果采用了错误的字符串指定参数，如 **greys** 或 **Grays**，以致 **matplotlib** 识别不了这个参数，就会报错。正确的字符串应该是 **Greys**。

第28课

185

例：把 **Greys** 错写成 **Grays**

```
digits = sklearn.datasets.load_digits()

plt.imshow(digits.images[0], cmap="Grays")
plt.show()
```

```
    raise ValueError(msg)
ValueError: 'Grays' is not a valid value for cmap; supported values are 'Accent', 'Accent_r', 'Blues', 'Blues_r', 'BrBG'
, 'BrBG_r', 'BuGn', 'BuGn_r', 'BuPu', 'BuPu_r', 'CMRmap', 'CMRmap_r', 'Dark2', 'Dark2_r', 'GnBu', 'GnBu_r', 'Greens', 'G
reens_r', 'Greys', 'Greys_r', 'OrRd', 'OrRd_r', 'Oranges', 'Oranges_r', 'PRGn', 'PRGn_r', 'Paired', 'Paired_r', 'Pastel1
', 'Pastel1_r', 'Pastel2', 'Pastel2_r', 'PiYG', 'PiYG_r', 'PuBu', 'PuBuGn', 'PuBuGn_r', 'PuBu_r', 'PuOr', 'PuOr_r', 'PuR
n', 'RdYlGn_r', 'Reds', 'Reds_r', 'Set1', 'Set1_r', 'Set2', 'Set2_r', 'Set3', 'Set3_r', 'Spectral', 'Spectral_r', 'Wisti
a', 'Wistia_r', 'YlGn', 'YlGnBu', 'YlGnBu_r', 'YlGn_r', 'YlOrBr', 'YlOrBr_r', 'YlOrRd', 'YlOrRd_r', 'afmhot', 'afmhot_r'
, 'autumn', 'autumn_r', 'binary', 'binary_r', 'bone', 'bone_r', 'brg', 'brg_r', 'bwr', 'bwr_r', 'cividis', 'cividis_r',
'cool', 'cool_r', 'coolwarm', 'coolwarm_r', 'copper', 'copper_r', 'cubehelix', 'cubehelix_r', 'flag', 'flag_r', 'gist_ea
rth', 'gist_earth_r', 'gist_gray', 'gist_gray_r', 'gist_heat', 'gist_heat_r', 'gist_ncar', 'gist_ncar_r', 'gist_rainbow'
, 'gist_rainbow_r', 'gist_stern', 'gist_stern_r', 'gist_yarg', 'gist_yarg_r', 'gnuplot', 'gnuplot2', 'gnuplot2_r', 'gnup
lot_r', 'gray', 'gray_r', 'hot', 'hot_r', 'hsv', 'hsv_r', 'inferno', 'inferno_r', 'jet', 'jet_r', 'magma', 'magma_r', 'n
ipy_spectral', 'nipy_spectral_r', 'ocean', 'ocean_r', 'pink', 'pink_r', 'plasma', 'plasma_r', 'prism', 'prism_r', 'rainb
ow', 'rainbow_r', 'seismic', 'seismic_r', 'spring', 'spring_r', 'summer', 'summer_r', 'tab10', 'tab10_r', 'tab20', 'tab2
0_r', 'tab20b', 'tab20b_r', 'tab20c', 'tab20c_r', 'terrain', 'terrain_r', 'turbo', 'turbo_r', 'twilight', 'twilight_r',
'twilight_shifted', 'twilight_shifted_r', 'viridis', 'viridis_r', 'winter', 'winter_r'
>>>
```

这个错误的意思是"颜色参数 Grays 有误"。

"报错"意味着计算机在提示"是不是哪里写错了"。比较简单的失误，计算机是能帮你发现和应对的。反倒是连计算机都发现不了的错误，也就是人们常说的"bug"，才是真的麻烦呢。

是这样的吗？但是，我要是仔细查看错误，会觉得晃眼呢。

在学习本书内容时，如果遇到了仔细查看也看不明白的情况，可以复制本书源代码文件中的代码来执行。样例程序代码都经过了验证，可以放心执行。如果样例程序执行成功了，就说明自己输入的程序出了问题，可以比对修改。

能下载可正确运行的程序，那我就放心啦。